Verständliche Wissenschaft Band 102

Georg-Maria Schwab

Was ist physikalische Chemie?

Wärme, Strom, Licht und Stoff

Mit 12 Abbildungen

Springer-Verlag

Berlin · Heidelberg · New York 1969

Herausgeber der Naturwissenschaftlichen Abteilung:
Prof. Dr. Karl v. Frisch, München

Prof. Dr. Georg-Maria Schwab
Physikalisch-Chemisches Institut der Universität
8000 München 2, Sophienstr. 11

ISBN-13: 978-3-540-04748-3   e-ISBN-13: 978-3-642-95128-2
DOI: 10.1007/978-3-642-95128-2

Umschlaggestaltung: W. Eisenschink, Heidelberg

Vorwort

In diesem Bändchen wird der Versuch gemacht, einem breiteren Leserkreis die Gedankengänge und Ergebnisse einer Wissenschaft näherzubringen, die an der Grenze zwischen zwei älteren Schwestern steht. Der Grund ist einfach der, daß diese Gedanken und Befunde von immer noch steigender Bedeutung für unser aller Leben und Umgebung sind. Es wird deutlich werden, daß das meiste von dem, was die Chemie zur Umgestaltung unserer Welt beigetragen hat, nur durch die Untermauerung mit den Gesetzen der Physik möglich gewesen ist. Das Wesen der physikalischen Chemie ist nämlich, die qualitativen Änderungen, die wir als chemische Reaktionen bezeichnen, quantitativ zu untersuchen und zu verstehen. Das setzt natürlich bei dem schöpferischen Forscher gründliche Kenntnisse der Chemie, aber auch der Physik und der Mathematik voraus, und alles dies sind Hemmnisse für eine gemeinverständliche Darstellung.

Trotzdem soll der Versuch unternommen werden, mit einem Minimum von chemischen Stoffkenntnissen und chemischen Voraussetzungen auszukommen und überdies nicht die mathematischen Entwicklungen darzustellen, die zu den Ergebnissen geführt haben, sondern diese selbst, möglichst des Gewandes der Mathematik entkleidet. Der Verfasser hofft, daß es ihm dabei gelungen ist, das recht eigenartige und ungewöhnliche Gebäude der physikalischen Chemie dem gebildeten Laien verständlich zu machen und zu zeigen, wie durch die beschriebene Durchdringung mehrerer Wissenschaften chemische Reaktionen in neuem Lichte erscheinen und weiterer Anwendung zum Wohl der Menschheit zugänglich geworden sind.

München, Oktober 1969   G.-M. Schwab

Inhaltsverzeichnis

Einleitung

Wohl jeder hat einen ungefähren Begriff, was Chemie ist; er hat schon gehört, daß wir in dem Zeitalter der Chemie leben, daß die Chemie uns mit Kunststoffen, Kunstfasern, Kunstdünger, Farbstoffen und Arzneimitteln versorgt. Er hat wohl auch schon gehört, daß sie die Stoffe des lebenden Körpers von Tier und Pflanze untersucht und die stofflichen Veränderungen, die das Leben materiell ermöglichen, feststellt. Auch was Physik ist, hat wohl jeder einmal erfahren; daß sie die Lehre von den Kräften und ihren Wirkungen ist, wobei nicht nur die handgreiflichen mechanischen Kräfte, sondern auch elektrische und magnetische Kräfte betrachtet werden, und auch Wärme und Licht. Wir wissen auch, daß alle Leistungen der modernen Ingenieurkunst, Apparate und Maschinen, auf diesen Studien beruhen.

Aber daß es zwischen diesen zwei großen Wissensgebieten noch ein drittes gibt, das von beiden etwas voraussetzt und enthält, eine „Physikalische Chemie", davon haben sicherlich viele noch nichts gehört, obgleich dieses Gebiet an unseren Universitäten und Hochschulen ebenso intensiv gelehrt und gelernt wird, große Institute der Lehre und der Forschung ihm dienen und seine Wirkungen uns zwar verborgen, aber unentrinnbar überall in der Technik und in der Natur entgegentreten. Als vor 50 Jahren in München zum ersten Male ein Institut für Physikalische Chemie an der Universität eingerichtet werden sollte, war diese Wissenschaft noch so unbekannt, daß eine damals bekannte Tageszeitung schrieb: „Wozu brauchen wir ein Institut für fiskalische Chemie?"

Gegen Ende des vorigen Jahrhunderts lebte in Riga und später in Leipzig ein Chemiker namens Wilhelm Ostwald. Er beschäftigte sich mit der Fähigkeit verschiedener Säuren, andere Stoffe, z. B. Stärke, zu spalten. Er fand, daß sich die Säuren nach dieser Wirkung in eine Reihe ordnen ließen, was ja nicht weiter verwunderlich ist. Dann erfuhr er aber bald danach, daß ein Schwede namens

Arrhenius die Säuren nach ihrer elektrischen Leitfähigkeit in eine Reihe geordnet hatte — und diese Reihenfolge war genau die gleiche! Bald trafen sich die beiden Männer, und man kann dies als die Geburtsstunde der physikalischen Chemie bezeichnen. Diese kleine Geschichte lehrt uns gleich, was es mit der physikalischen Chemie auf sich hat: Es werden hier chemische Eigenschaften — das Spaltungsvermögen — mit physikalischen Eigenschaften — dem Leitvermögen — in Verbindung gebracht. Man hat oft versucht, die physikalische Chemie zu definieren, also etwa: „Die physikalische Chemie ist die Behandlung chemischer Vorgänge mit physikalischen Methoden" oder „Physikalische Chemie ist die Verfolgung der physikalischen Vorgänge, die chemische Veränderungen begleiten", und dgl. mehr. Man hat auch versucht, der physikalischen Chemie eine „chemische Physik" gegenüberzustellen, es ist aber noch niemals gelungen, den Unterschied klar auszusprechen. Wir wollen also versuchen, ohne eine solche Definition auszukommen und werden am Ende dieses Buches sicher verstanden haben, was die physikalische Chemie eigentlich ist und sein will.

Zunächst aber wollen wir uns über ihre Bedeutung etwas klar werden. Wie jede Wissenschaft hat sie in zweierlei Richtung Bedeutung: Einmal rein geistig als Befriedigung des Wissensbedürfnisses des Menschen: Es ist schön, und wir werden es auch in diesem Büchlein genießen, wenn man erkennt, wie die stofflichen Vorgänge mit physikalischen Veränderungen des Druckes, der Temperatur, der elektrischen Bedingungen usw. zusammenhängen. Das ist viel schöner, als nur eine Seite der Erscheinungen, nur die chemische oder nur die physikalische, zu betrachten. Es gibt aber auch eine enorme praktische Bedeutung der physikalischen Chemie, nämlich für die chemische Technik. Es gibt heute eigentlich keine rein chemische Technik mehr; ob es sich nun um Benzin, um Kunstseide, um Gummi, um Lack, Dünger oder Bier handelt, alle diese Dinge, die das „Zeitalter der Chemie" ausmachen, werden auf Grund physikalisch-chemischer Gesetze und Kenntnisse hergestellt. Und es gibt auch keine reine Physik ohne physikalische Chemie mehr. Der Transistor, das Tonband, der Leitungsdraht, der Automotor sind Ergebnisse physikalisch-chemischer Forschungen. Dabei haben wir noch gar nicht erwähnt, daß die physikalische Chemie auch an unseren noch lückenhaften Kenntnissen von den Lebensvorgängen einen erheblichen Anteil hat.

Wir werden in den folgenden Kapiteln, obgleich wir eine sinnvolle begriffliche Reihenfolge der Sachverhalte einhalten, doch in bunter Folge mehr physikalisch und mehr chemisch getönte Erscheinungen kennenlernen, denn diese Buntheit macht gerade den Reiz der physikalischen Chemie aus.

1. Die Formarten der Materie

Wir wollen einmal als gegeben hinnehmen, daß die uns umgebende sinnlich wahrnehmbare Welt aus etwas besteht, was wir Stoff oder Materie nennen, ohne uns dabei in philosophische Spekulationen zu verlieren, was das Seiende sei. Wir betrachten diese Materie: wir vergleichen z. B. 1. ein Stück Kuchen, 2. ein Glas Sekt und 3. die in diesem aufsteigenden Gasblasen. Wir sehen sofort, daß die Materie in dreierlei Gestalt auftreten kann: als fester Stoff, als Flüssigkeit und als Gas. Es gibt keinen Zustand, der etwa zusätzlich vorstellbar wäre oder zwischen diesen dreien läge; die Butter z. B. ist nicht ein Zwischenzustand zwischen fest und flüssig, sondern ein starres Gemisch von festem Fett und flüssiger Buttermilch. Der Asphalt ist nicht etwa ein Zwischenzustand, sondern eine sehr zähe Flüssigkeit, und der Schaum auf dem Bier ist einfach ein Haufen von Gasblasen mit flüssigen Wänden. Wir sehen sofort, was der Unterschied zwischen den drei *Formarten* fest, flüssig und gasförmig ist: Der feste Körper hat einen ganz bestimmten Rauminhalt und eine bestimmte Gestalt, die Flüssigkeit hat zwar einen bestimmten Rauminhalt, aber keine bestimmte Gestalt, sondern sie nimmt die Gestalt des sie enthaltenden Gefäßes an. Das Gas endlich hat weder einen bestimmten Rauminhalt — wir können es zusammendrücken oder auseinandersaugen — noch eine bestimmte Gestalt, sondern füllt jeden ihm gebotenen Raum völlig aus, die Zimmerluft z. B. das ganze Zimmer.

Es ist eine Aufgabe der physikalischen Chemie, dieses verschiedene Verhalten der Formarten zu verstehen, d. h. einen gemeinsamen Gesichtspunkt zu finden, der es einheitlich umfaßt. Das ist in der Tat gelungen durch konsequente Anwendung einer uralten, aber lange unbewiesenen Hypothese der alten griechischen Philosophen, nämlich der Atomtheorie. Nehmen wir einmal an, jedes Stück einheitlicher Materie — also nicht unsere Butter oder unser Bierschaum, aber etwa ein Stück Eisen, ein Tropfen Wasser oder eine Luftblase — bestehe aus einer unvorstellbar großen Zahl unvorstellbar kleiner gleichartiger Teilchen. Wir wollen sie aus Gründen, die wir später erörtern, nicht Atome, sondern Molekeln nennen [1]. Wir verstehen dann sofort Folgendes: Wenn in einem Gas

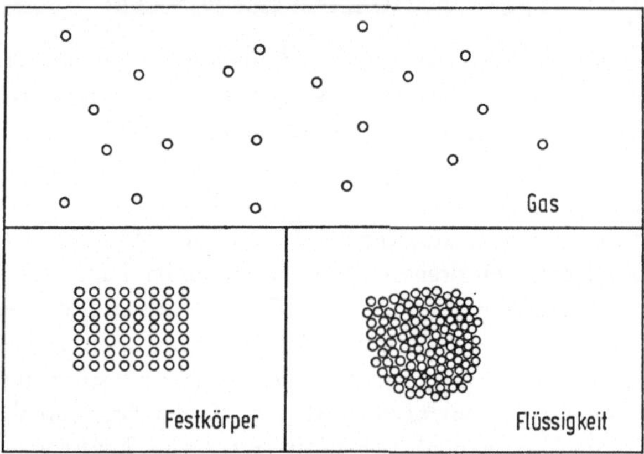

Abb. 1. Die drei Aggregatzustände der Materie

die einzelnen Molekeln frei und getrennt voneinander umherfliegen und sich gegenseitig nur beeinflussen, wenn sie zufällig einmal zusammenstoßen, dann wird das Gas als Ganzes in der Tat weder einen bestimmten Rauminhalt noch eine bestimmte Form haben. Wenn aber in der Flüssigkeit die Molekeln dicht beieinander liegen, wie etwa die Erbsen oder die Kartoffeln in einem Sack, dann werden sie alle zusammen einen ganz bestimmten Raum einnehmen, man kann sie aber in Behälter von beliebiger Gestalt schütten. Wenn endlich im festen Körper die Molekeln ebenso dicht beieinanderliegen, aber in ganz bestimmten regelmäßigen Lagen zueinander, etwa wie die Mauersteine oder die Soldaten, dann wird sowohl der Rauminhalt wie die Gestalt des ganzen Gebildes festgelegt sein (Abb. 1).

---

[1] Früher sagte man statt „die Molekel" auch „das Molekül" in Anlehnung an das Französische.

Wir wollen im Folgenden zeigen, daß in der Tat diese Auffassung das Verhalten der drei Formarten der Materie auch quantitativ erklärt. Wir beginnen mit den Gasen, weil sie in vieler Hinsicht — nicht in jeder — das einfachste Verhalten zeigen.

2. Das ideale Gas

Wir nehmen eine Fahrradpumpe, halten sie vorne zu und versuchen dann, zu pumpen. Wir können in der Tat die Luft zusammendrücken, aber je mehr wir das tun, um so mehr Kraft müssen wir auf den Kolben ausüben, um ihn festzuhalten oder gar das Gas noch weiter zusammenzudrücken. Wir beobachten hier ein wichtiges Grundgesetz, nämlich den Zusammenhang zwischen dem Volumen und dem Druck: je kleiner das Volumen, desto höher der Druck und umgekehrt.

Wir können ferner beobachten, wenn dazu auch schon etwas weniger alltägliche Apparate gehören, daß das Gas sich beim Erwärmen ausdehnt, sogar wenn der Druck derselbe bleibt, und zwar nimmt das Volumen für jeden Grad Erwärmung um $^1/_{273}$ des Volumens zu, das das Gas bei 0 °C besitzt. Entsprechend zieht sich das Gas beim Abkühlen zusammen. Wir können nun leicht ausrechnen, daß das Gas — und das gilt für alle Gase — bei einer Temperatur von —273 °C überhaupt kein Volumen mehr hätte. (Ich sage „hätte", denn in Wirklichkeit werden alle Gase zu Flüssigkeiten, ehe sie diese ganz tiefe Temperatur erreicht haben.) Eine tiefere Temperatur als diese kann es also nicht mehr geben, und wir nennen sie daher den „absoluten Nullpunkt" und zählen die „absolute Temperatur" von diesem Punkte an: 0 °C ist also 273° absolut oder 273 °K (nach Lord Kelvin, von dem diese geistvolle Extrapolation stammt), und 100 °C ist 373 °K. Diese Temperaturen nennen wir „absolute Temperaturen" und bezeichnen sie mit T.

Wir brauchen nun nur diese drei „Zustandsgrößen" Druck P, Volumen V und Temperatur T, um den Zustand eines Gases vollständig zu beschreiben. Sie stehen, wie wir beobachtet haben, in einem Zusammenhang untereinander, den wir durch die einfache Gleichung angeben können:

$$P \cdot V = R \cdot T,$$

wobei R eine für alle Gase gemeinsame Größe, die „allgemeine Gaskonstante", ist. Für eine bestimmte Gasmenge, die eine ganz bestimmte Anzahl von Molekeln enthält und daher dem Molekulargewicht proportional ist, beträgt die Zahl R 0,082 l·Atm./Grad. Diese Gasmenge, das „Mol", nimmt bei 0 °C und 1 Atmosphäre Druck gerade 22,4 l ein. Wenn wir mehrere Mole in dem Gefäß haben, ist natürlich das Volumen entsprechend größer, genau wie eine Seifenblase wächst, wenn wir mehr Luft hineinblasen. Für n Mole haben wir dann zu schreiben:

$$P \cdot V = n\,R\,T\,.$$

Das ist die „allgemeine Gasgleichung", und Gase, die ihr gehorchen, heißen „ideale Gase". In Wirklichkeit gibt es sie nicht, aber die Luft, der Stickstoff, der Wasserstoff, der Sauerstoff sind mit guter Annäherung fast ideal.

3. Die kinetische Gastheorie

Was uns nun interessiert, ist die Frage, ob unser Modell der frei herumfliegenden Molekeln, die sich nur beim Zusammenstoß gegenseitig beeinflussen, tatsächlich das Verhalten der Gase wiedergibt, mit anderen Worten, ob es die allgemeine Gasgleichung liefert oder, was dasselbe ist, „erklärt". Wir stellen uns dazu einen Raum V vor, in dem sich n Mole Gas befinden, dessen Molekeln alle die gleiche Masse m und die gleiche mittlere Geschwindigkeit v besitzen, aber regellos durcheinanderfliegen. Das, was wir als „Druck" empfinden, kommt nach dieser Auffassung durch die Gesamtheit der Stöße zustande, die die Molekeln auf die Wände des Raumes ausüben. Berechnen wollen wir das Produkt $P\,V$. Die Rechnung ist etwas umständlich, wenn sie genau sein soll, und wir wollen nur das Ergebnis hierher setzen:

$$P\,V = \frac{n}{3}\,N\,m\,v^2\,.$$

N ist dabei die Anzahl der Molekeln in einem Mol, und $N \cdot m$ demgemäß das „Molgewicht" oder besser die Molmasse M. Wir können daher auch schreiben:

$$P\,V = \frac{n}{3}\,M\,v^2\,.$$

Damit ist erst ein Teil unserer Aufgabe erfüllt. Wir haben zwar bewiesen, daß unser Modell tatsächlich die beobachtete Beziehung zwischen Druck und Volumen wiedergibt, aber wir haben noch nichts über die Temperatur T erfahren, es sei denn, wir setzen:

$$\frac{M}{3}\, v^2 = R\, T\,.$$

Das wäre aber ein höchst interessantes Ergebnis, denn es gibt uns Auskunft über den physikalischen Sinn der „fühlbaren Wärme" oder Temperatur:

$\frac{M}{2} \cdot v^2$ ist ja nach den Lehren der Physik die Bewegungsenergie E_k einer mit der Geschwindigkeit v cm/sec bewegten Masse M gramm. Wir können daher sagen:

$$E_k = \frac{3}{2}\, R\, T\,,$$

womit die Temperatur nichts anderes ist als ein Maß für die Bewegung der Molekeln; *Wärme ist nichts anderes als Molekularbewegung.*

Das ist aber noch nicht alles, was wir aus der Bewegungstheorie der Gase, der sog. „kinetischen Gastheorie" entnehmen können. Wenn wir nämlich Beobachtungen darüber anstellen, wie schnell sich fremde Gasmolekeln durch ein Gas hindurchbewegen (Diffusion), wie schnell Temperaturunterschiede durch ein Gas hindurch ausgeglichen werden (Wärmeleitung) oder wie schnell die Strömungsgeschwindigkeit sich durch ein Gas hindurch ausbreitet (innere Reibung), so können wir daraus sowohl die Zahl der Molekeln im Mol N wie auch die mittlere Geschwindigkeit v und sogar die Größe der Molekeln berechnen. Das Ergebnis solcher Rechnungen ist, daß ein Mol (z. B. 2 g Wasserstoff) die ungeheuere Zahl von $6 \cdot 10^{23}$ Molekeln enthält, daß die mittlere Geschwindigkeit bei Zimmertemperatur ungefähr $5 \cdot 10^4$ cm/sec oder 1800 km/ Std. beträgt, daß aber schon nach je $1 : 10\,000$ mm, das heißt alle billiardstel Sekunden, ein Zusammenstoß den Flug unterbricht, und daß die Molekeln ungefähr ein 100 Millionstel cm (10^{-7} mm) groß sind.

Ist es nicht bewundernswert, daß die physikalische Chemie es verstanden hat, so aus Beobachtungen an großen Gasmengen (makroskopischen Beobachtungen) Auskünfte über das mikroskopische Verhalten der einzelnen unsichtbaren Molekeln zu erhalten? Man hat diese Auskünfte durch direkte Versuche nachgeprüft und bestätigt gefunden. So kann man die Geschwindigkeit der Molekeln durch eine Methode messen, die etwa dem Verhalten eines Schützen entspricht, der auf einen bewegten Vogel zielt. Dabei hat man zusätzlich herausgebracht, daß nicht einmal alle Molekeln gleiche Geschwindigkeit haben, sondern daß eine „Verteilung"

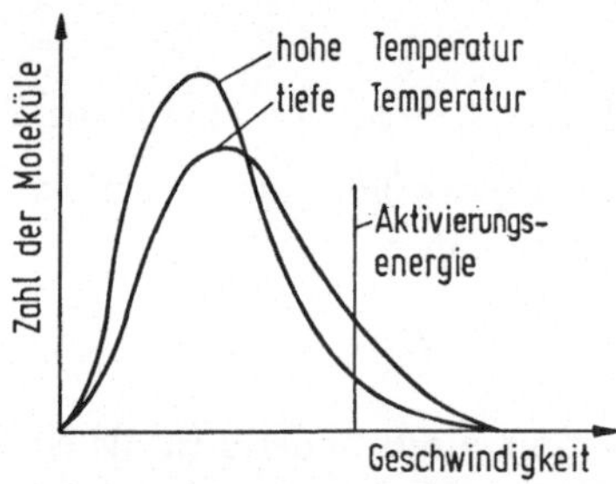

Abb. 2. Die Geschwindigkeitsverteilung der Molekeln bei zwei Temperaturen; Einfluß der Aktivierungsenergie auf Geschwindigkeit von Prozessen

existiert. Sie ist vergleichbar etwa mit der Verteilung der Einkommen oder auch der Vermögen auf eine Bevölkerung. Es gibt fast keine Leute, die gar nichts haben und auch wenig Leute, die ganz außerordentlich reich sind, und die Mehrheit der Leute liegt dazwischen. Ebenso gibt es keine Molekel, die vollkommen still steht, denn sie würde sofort beim nächsten Stoß in Bewegung gesetzt werden, und auch sehr wenig ganz außerordentlich schnell bewegte Molekeln, denn sie würden beim nächsten Stoß gebremst werden, und die Mehrheit der Molekeln hat eben die vorhin angegebene mittlere Geschwindigkeit v. Diese Verteilung wird sich später bei chemischen Reaktionen als sehr wichtig erweisen (Abb. 2).

Wir wollen noch einen Augenblick bei der Gleichung

$$E_k = \frac{3}{2} R T$$

verweilen. Wir haben vorhin die allgemeine Gaskonstante in l·atm/Grad ausgedrückt. Nun gehört eine gewisse Arbeit oder Energie dazu, um ein Volumen gegen den Druck von 1 Atmosphäre um 1 l zu vergrößern, und deshalb ist 1·Atmosphäre eine Maßeinheit der Energie, genau wie Kilowattstunde oder Kalorie im Wärmemaß. R im Wärmemaß beträgt fast genau 2 cal. Wir können also schreiben:

$$E_k = \frac{3}{2} \cdot 2\,T = 3 \cdot T \text{ (cal)}.$$

Das bedeutet aber, daß man drei Kalorien aufbringen muß, um ein Gas, das nur Bewegungsenergie enthält, um einen Grad zu erwärmen. Wir nennen diese Zahl die „Molwärme" des Gases. Messungen an den sogenannten Edelgasen, wie Helium, Argon, Krypton und Xenon, haben diese Voraussage bestätigt. Da sich nun die Molekeln in den drei Richtungen des Raumes bewegen können, also 3 „Freiheitsgrade" besitzen, kommen wir auf einen Beitrag zur Molwärme von $R/2$ für jeden Freiheitsgrad. Wenn nun eine Molekel außer den Freiheitsgraden der Fortbewegung auch noch solche der Rotation um ihre Achse besitzt, müssen wir diese mitrechnen; für eine zweiatomige Molekel, etwa den Wasserstoff oder Sauerstoff, kommen also noch zwei Rotationen um zwei aufeinander senkrechte Achsen hinzu, und wir müssen dann setzen:

$$E_k + E_{rot} = \frac{5}{2}\,R = 5,$$

und in der Tat haben diese Gase eine Molwärme von 5 cal/grad. Wir werden von diesen Überlegungen später noch einen interessanten Gebrauch machen (S. 20).

4. Das reale Gas

Wie schon bemerkt, sind die Voraussetzungen, daß die Molekeln unabhängig voneinander herumfliegen und sich gegenseitig nur im Augenblick eines Zusammenstoßes beeinflussen, in Wirklichkeit nirgends vollständig erfüllt. Die Abweichungen, die ein reales Gas aufweist, sind von zweierlei Art: Einmal sind die Molekeln nicht punktförmig, sondern haben eine gewisse Ausdehnung, die wir ja schon zu etwa 10^{-8} cm $\emptyset$ gefunden haben. Damit wird natürlich ihr freier Bewegungsraum eingeschränkt, und dadurch wird der Druck unter Umständen höher, als man nach der idealen Gleichung erwarten würde. Gleichzeitig aber üben die Molekeln, wenn sie einander nahe kommen, noch ehe sie sich berühren, Kräfte aufeinander aus, und zwar Anziehungskräfte. Über die Natur oder Ursache dieser Kräfte werden wir erst viel später etwas erfahren. Sie werden jedenfalls zur Folge haben, daß eine Molekel, die auf die Wände zufliegt, durch ihre anziehenden Nachbarn etwas zurückgehalten wird, daß also ihre Stöße auf die Wände schwächer und seltener werden, womit der Druck nunmehr kleiner ausfällt als erwartet. Beide Einflüsse können sich die Waage halten, normalerweise aber ist bei großer Dichte die Anziehung überwiegend, bei kleiner Dichte die Raumversperrung. Man kann diese Verhältnisse natürlich durch Gleichungen ausdrücken, die sich von unserer „idealen Gasgleichung" unterscheiden. Eine davon lautet z. B.:

$$PV = nRT + nBP,$$

wo B eine aus der Anziehung und der Raumversperrung zusammengesetzte, für jedes Gas charakteristische Konstante, ein sogenannter „Virial-Koeffizient" ist (von lat. vis = Kraft). Aus Gleichungen dieser Art folgt eine sehr wichtige Tatsache: Daß nämlich bei jeder Temperatur ein Druck existiert, bei dem das Gas, wenn man es noch weiter zusammendrückt, sich nicht mehr einfach zusammenzieht, sondern vollkommen nachgibt und zusammenbricht, indem es — flüssig wird. Erst wenn das ganze Gas flüssig geworden ist, wobei das Volumen ganz klein geworden ist, gibt es nicht mehr nach, sondern erweist sich schließlich als fast nicht mehr zusammendrückbar, weil es vollkommen flüssig geworden ist. Der Druck, bei dem das eintritt, heißt der *Dampfdruck*, und er ist um so größer, je höher die Temperatur ist. Alle Gase lassen sich also durch Druck oder Abkühlung verflüssigen, und alle Flüssigkeiten lassen sich durch Erwärmen oder Wegpumpen der überstehenden Luft und des Dampfes verdampfen. „Gasförmig" und „flüssig" sind also nicht unwandelbare Stoffeigenschaften, sondern alle Stoffe können in beiden Zuständen vorliegen. So kennen wir die „flüssige Luft", die ein wichtiges Kältemittel ist, weil sie unter Atmosphärendruck bei $-192\,°C$ siedet, oder, anders ausgedrückt, weil sie bei dieser Temperatur einen Dampfdruck von 1 Atmosphäre hat.

5. Die Flüssigkeit

Wir haben so schon eine augenfällige Eigenschaft von Flüssigkeiten kennengelernt, ihren Dampfdruck. Über jeder Flüssigkeit befindet sich ihr eigenes Gas von dem Druck, der der Dampfdruck bei der betreffenden Temperatur ist. Wenn das Wasser unserer Erdoberfläche seinen Dampfdruck voll entwickelt hat, sprechen wir von „100% Feuchtigkeit der Luft". Oft wird der gesättigte Dampf aber durch trockene Luft verdünnt, und wir sprechen dann von 20—80% Feuchtigkeit. Auch bei 100% Feuchtigkeit steigt der Dampfdruck noch mit der Temperatur erheblich an, aber er steigt nicht ins Ungemessene, sondern es gibt eine sehr interessante Grenztemperatur. Sie bedeutet nicht eine Grenze des Dampfdruckes, sondern eine Existenzgrenze der Flüssigkeit. Wenn wir eine Flüssigkeit in einem geschlossenen, druckfesten Glasgefäß bis zu dieser Temperatur, der sogenannten kritischen Temperatur, erhitzen, beobachten wir plötzlich, daß die Flüssigkeitsoberfläche unsichtbar wird, das ganze Gefäß also von einer Substanz erfüllt ist, von der wir nicht mehr sagen können, ob sie flüssig oder gasförmig sei. Beim Erhitzen ist nämlich die Flüssigkeit wegen ihrer Ausdehnung immer leichter und der Dampf wegen der Dampfdruckzunahme immer schwerer geworden, bis beide gleich schwer und vollkommen identisch geworden sind. Nur unterhalb dieser kritischen Temperatur läßt sich also ein Gas verflüssigen. Sie liegt z. B. bei Wasser bei 374 °C, für Luft bei −141 °C und für Wasserstoff bei −240 °C.

Wir haben damit drei charakteristische Eigenschaften der Flüssigkeiten kennengelernt, ihren Dampfdruck, ihre geringe Zusammendrückbarkeit und ihre Wärmeausdehnung, die viel geringer ist als die der Gase. Alle diese Eigenschaften entsprechen gut dem Bild, das wir uns von den Flüssigkeiten gemacht haben, daß nämlich die Molekeln dicht gepackt, aber unregelmäßig angeordnet sind. Hinzu kommt jetzt noch, daß sie sich gegenseitig anziehen und festhalten. Deshalb ist auch Energie, nämlich Wärme nötig, um die Flüssigkeit zu verdampfen, also die Molekeln zu trennen.

Darauf beruhen auch die übrigen Eigenschaften der Flüssigkeiten. Eine sehr wichtige Eigenschaft ist die sogenannte *Oberflächenspannung*. Wenn schon die Gasmolekeln von ihren Stößen auf die Wände abgehalten und nach innen gezogen werden, wieviel mehr muß das bei den Flüssigkeitsmolekeln der Fall sein, die ja ihren Nachbarn viel näher sind! Alle an der Oberfläche befindlichen Molekeln werden also nach innen gezogen, und die Flüssigkeit hat daher das „Bestreben", möglichst wenig Molekeln in der Oberfläche zu behalten, die Oberfläche also möglichst klein zu machen. Das wirkt sich in dem Sinne aus, als ob es eine Kraft gäbe, die die Oberfläche zusammenzieht. Wir können diese Kraft direkt sehen, wenn wir Seifenblasen machen: Solange die Blase noch an der Pfeife hängt, verkleinert sie sich ständig, weil die Oberflächenspannung die Luft durch die Pfeife hinausdrückt, um die Blasenoberfläche kleiner zu machen. Diese Spannung ist der Grund, warum frei fallende Regentropfen kugelförmig sind und freie Wasserstrahlen zylindrisch, denn diese Formen haben die geringste Oberfläche bei gegebenem Volumen bzw. gegebenem Querschnitt.

Die Bedeutung der Oberflächenspannung erschöpft sich nicht in der Tropfengestalt, sondern sie ist von ausschlaggebender Bedeutung im täglichen Leben. Alle jene Stoffe, die in der Textilindustrie als Hilfsmittel oder Netzmittel verwendet werden und in Werbedarbietungen als Waschmittel, Einweichmittel und Reinigungsmittel angepriesen werden, sind nämlich nichts anderes als Zusätze, die die Oberflächenspannung des Wassers herabzusetzen vermögen, sogenannte oberflächenaktive Stoffe. Zu ihnen gehört auch die Seife. Sie haben alle ein gemeinsames Bauprinzip. Ihre Molekeln bestehen nämlich aus einer langen Atomkette von ölartiger Zusammensetzung, die an sich im Wasser nicht löslich wäre, wenn sie nicht am Ende eine „polare Gruppe" trüge, d. h. eine Gruppe, in der positiv und negativ elektrisch geladene Atome nebeneinander liegen. Solche Gruppen sind wasserlöslich. Wenn man nun derartige Molekeln ins Wasser bringt, wird die ölartige Kette vom Wasser abgestoßen, die polare Gruppe aber ins Wasser hineingezogen, so daß schließlich alle Molekeln sich in der Oberfläche ansammeln und die ölartigen „Schwänze" als sog. „Molekelbürste" aus dem Wasser herausstrecken, getreu dem Kinderlied:

„Alle unsere Entlein
schwimmen auf dem See,
Köpfchen unter Wasser,
Schwänzlein in die Höh'."

Die polaren Gruppen liegen nun alle nebeneinander, und zwar
die positiv geladenen Atome nebeneinander in einer Ebene und
die negativen ebenfalls nebeneinander in der nächsten Ebene.
Gleichnamige Landungen stoßen sich aber ab, und so stoßen sich
alle diese Molekeln gegenseitig ab, erzeugen also eine Kraft, die
die Oberfläche zu vergrößern strebt, d. h. der Oberflächenspannung entgegengerichtet ist (Abb. 3). So kann die Oberflächen-

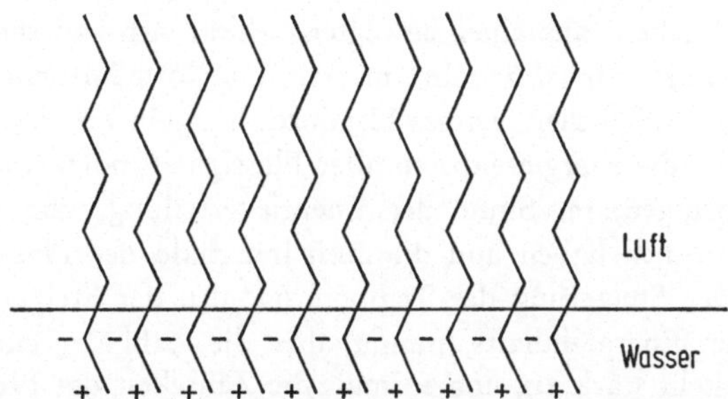

Abb. 3. Oberflächenaktive Molekeln an der Oberfläche von Wasser

spannung des Wassers bis auf etwa ein Drittel ihres Wertes verkleinert werden, und das Bestreben, Kugelgestalt anzunehmen,
verringert sich so sehr, daß das Wasser nunmehr bereit ist, sich
auf festen Oberflächen auszubreiten und sie zu *benetzen*. Damit
ist einerseits die Möglichkeit gegeben, Farbstofflösungen auf Textil-
fasern auszubreiten und diese anzufärben, andererseits aber, Zwi-
schenräume zwischen Fasern oder Haut einerseits, Schmutz andererseits mit Wasser zu füllen und so den Schmutz abzuheben, also
zu reinigen. (Die „Superweißkraft" ist etwas anderes, sie beruht
auf der Anwesenheit von blaues Licht zurückwerfenden Farbstoffen, und die „biologische Waschkraft" ist wieder etwas anderes,
sie beruht auf der Verdauung des eiweißhaltigen Schmutzes durch
Fermente ähnlich unserem Darmsaft.) Im kritischen Punkt muß
übrigens natürlich die Oberflächenspannung gleich Null werden.

Wir wollen noch eine andere, ebenfalls praktisch wichtige
Eigenschaft der Flüssigkeiten betrachten, und das ist ihre „innere
Reibung" oder Zähigkeit oder auf deutsch ihre „Viskosität". Bei
den Gasen haben wir schon gesehen, daß man aus der Übertragung
von Strömungsbewegung durch ein Gas hindurch — und das ist

nichts anderes als die Viskosität — Rückschlüsse auf die Zusammenstöße ziehen konnte. Denn es sind ja die Zusammenstöße, die eine solche Übertragung und damit die Bremsung des einheitlichen Flusses einer Flüssigkeit ermöglichen. Da die Zahl der Zusammenstöße mit der Temperatur zunimmt, nimmt auch die Viskosität der Gase mit steigender Temperatur zu. Bei Flüssigkeiten handelt es sich dabei nicht um Stöße, denn die Molekeln sind ja ohnehin fast in Berührung miteinander. Es handelt sich vielmehr darum, daß die Molekeln aus einer bewegten Schicht sich zwischen ihren Nachbarn hindurch „drängeln" müssen, um Formänderungen und Fließen zu ermöglichen. Dieses Hindurchdrängeln erfordert Energie, und nur die energiereichsten aller Flüssigkeitsmolekeln können diese aufbringen, im Sinne der Energieverteilung, von der wir schon gesprochen haben und die auch innerhalb der Flüssigkeiten gilt. Mit der Steigerung der Temperatur, also der Steigerung des allgemeinen Energieinhalts, nimmt aber die Zahl der energiereichen Molekeln stark zu, und so muß die Zähigkeit der Flüssigkeit abnehmen. (Man betrachte hierzu Abb. 2.) Das ist insbesondere für Schmieröle von Bedeutung, und deshalb unterscheidet z. B. der Autofahrer Sommer- und Winteröle. Die Kunst, Allzeitöle zu schaffen, die Sommer und Winter sich nicht sehr in ihrer Zähigkeit unterscheiden, kommt also darauf hinaus, die notwendige kritische Drängelenergie so niedrig zu halten, daß auch im Winter schon viele Molekeln sie aufbringen können. Man erreicht das durch eine bestimmte Zusammensetzung der Öle, die die molekulare Wechselwirkung niedrig hält.

6. Der Festkörper

Wenn die Zähigkeit der Flüssigkeit sehr groß wird, gelingt es mit gewöhnlichen Mitteln und in erreichbaren Zeiten nicht mehr, sie zum Fließen zu bringen, und sie benimmt sich dann wie ein Festkörper, der eine bestimmte Gestalt beibehält. Die Molekeln liegen dicht, aber ungeordnet nebeneinander, können sich aber gegeneinander nicht verschieben, weil die erforderliche Energie so groß ist, daß sie von fast keiner Molekel aufgebracht werden kann. Ein solches System ist das Glas, ein anderes der Asphalt unserer Straßen, und auch die meisten plastischen Massen gehören hierher. Sie sind aber keine eigentlichen Festkörper, denn sie haben keinen scharfen Schmelzpunkt, sondern ein „Erweichungsintervall", d. h. sie gehen innerhalb einer Temperaturspanne, die mehrere 100 Grad betragen kann, allmählich in den Zustand gewöhnlicher Flüssigkeiten über (geschmolzenes Glas, erweichter Straßenteer). Das Kennzeichen eines festen Körpers ist also der scharfe Schmelzpunkt oder, was dasselbe ist, der scharfe Erstarrungspunkt der Schmelze. Wenn Wilhelm Busch sagt:

> „Das Wasser in dem Fasse hier
> hat ca. 0° Réaumur;
> Es bilden sich in diesem Falle
> die sogenannten Eiskristalle",

so bringt er damit zum Ausdruck, daß der Eiskristall ein fester Körper und seine Schmelze, das Wasser, nur oberhalb 0 °C beständig ist. Ebenso haben alle Metalle und alle Salze und alle reinen festen Substanzen einen scharfen Schmelzpunkt. Wer hat nicht schon beobachtet, daß die Temperatur, wenn plötzlich Tauwetter eintritt, solange genau bei 0 °C stehenbleibt, bis alles vorhandene Eis und aller Schnee geschmolzen ist, und erst dann steigt? Beim Schmelzen wird nämlich Wärme verbraucht, und solange noch Eis schmilzt, wird alle durch warme Luft zugeführte Wärme zum Schmelzen verwendet, und sie kann erst dann die Temperatur fühlbar steigern, wenn alles Eis geschmolzen ist. Umgekehrt wird bei der Erstarrung (Kristallisation) Wärme frei. Diese Wärme ist offenbar dazu da, beim Schmelzen die Ordnung der Molekeln im festen Kristall zu zerstören, und sie wird wieder frei, wenn die Ordnung sich wieder herstellt.

Wir identifizieren also den festen Zustand mit geordneten Molekeln (oder, wie wir noch sehen werden, Atomen oder Ionen), d. h. mit dem Kristall. Ist das nun wahr? Während wir bei Gasen und Flüssigkeiten unser Modell nur indirekt durch Bestätigung seiner Konsequenzen beweisen konnten, sind wir beim Kristall in einer viel günstigeren Lage; wir können hier die Ordnung der Molekeln zwar nicht direkt, aber doch in gewisser Weise „sehen" und so beweisen.

Wir haben gesehen, daß die Molekeln eine Größe von einigen 10^{-8} cm besitzen. So kleine Gegenstände können wir natürlich nicht mit dem Auge sehen. Wir können sie aber auch mit keinem Mikroskop der Welt sehen, denn dazu würden wir ja Licht brauchen, und Licht ist eine elektrische Welle von einer Wellenlänge von 10^{-5} cm. Eine Lichtwelle ist also etwa 1000mal größer als eine Molekel und ist daher ganz untauglich, um eine Molekel abzubilden. Das wäre so ähnlich, wie wenn wir an den Wellen des Meeres die Anwesenheit eines Fisches erkennen wollten. Die Anwesenheit eines Schiffes aber können wir wohl an den Wellen erkennen, weil es etwa ebenso groß ist wie die Meereswellen. Wir brauchen also, um die Molekeln zu sehen, Licht, dessen Wellenlänge 1000mal kleiner ist als diejenige des sichtbaren Lichtes. Das gibt es nun glücklicherweise in Form der jedem Chirurgie-Patienten bekannten „Röntgenstrahlen". Wir sind also imstande, Molekeln abzubilden. Nun ist aber eine einzige Molekel nur imstande, so wenig Röntgen-„Licht" abzulenken, daß wir wiederum aus diesem Grund nichts „sehen" und auch nichts photographieren können. Wenn aber ganze Reihen von 100 000en Molekeln wohlgeordnet nebeneinanderliegen, dann lenken sie das Röntgenlicht alle in derselben Richtung ab, die abgelenkten Strahlen verstärken sich, und wir können sie dann auf einen Photofilm einwirken lassen und aus dem erhaltenen schwarzen Fleck auf die Lage der Atomreihe Schlüsse ziehen. Auf die mathematischen Methoden dieser „Röntgeninterferenz-Analyse" können wir hier nicht eingehen. Es genüge uns zu wissen, daß wir regelmäßige periodische „Anordnungen" auf diese Weise vollständig analysieren können. Das war die große Entdeckung von von Laue und seinen Mitarbeitern (1912), der zuerst einen Kristall mit einem Bündel von Röntgenstrahlen beleuchtete. Er bewies damit dreierlei: 1. daß die Röntgenstrahlen eine Wellenstrahlung sind, 2. daß die Molekeln in den Kristallen regelmäßig angeordnet sind und 3. daß sie tatsächlich die aus der kinetischen Gastheorie errechnete Größenordnung für Abstände und Durchmesser von 10^{-8} cm aufweisen. Seither haben die Physiker und Chemiker Zehntausende von festen Stoffen auf diese Weise untersucht und so herausgebracht, daß es nur einige Typen von „Kristallgittern" gibt.

Um das zu verstehen, wollen wir uns zunächst mit zwei Begriffen vertraut machen: der eine ist der Begriff des „Elementarkörpers". Das ist der kleinste Baustein, durch dessen ständige

Wiederholung in drei Richtungen des Raumes man sich den ganzen Kristall im Raum aufgebaut denken kann, ebenso wie eine Mauer durch ständige Wiederholung von Ziegelsteinen aufgebaut ist. Dieser Baustein kann ein Würfel sein, dann sprechen wir vom „kubischen" System, er kann ein sechseckiges Prisma sein, dann sprechen wir vom hexagonalen System, er kann aber auch schiefwinkelig sein. In jedem Elementarkörper befinden sich die Atome oder Molekeln auf bestimmten Plätzen, z. B. nur an den Ecken, oder an den Ecken und in der Mitte, oder an den Ecken und den Flächenmitten oder in den Seitenmitten. Diese „Gitterplätze" sind der zweite Begriff, den wir brauchen.

Der erste Typ von Kristallgittern, der uns interessiert, sind die „Atomgitter", in denen an jedem Gitterplatz ein Atom sitzt, d. h. ein kleines Teilchen eines chemischen Elements. Die Atomgitter können von zweierlei Art sein. Entweder es sind nichtmetallische Atome, etwa Kohlenstoff, Bor oder Silicium, die durch chemische Kräfte (Valenzen) zusammengehalten werden. Der Diamant gehört hierher, aber auch der Graphit unserer Bleistifte oder das Germanium der Transistoren. Oder aber die Atome sind Metallatome. Sie werden nicht durch chemische Valenzen zusammengehalten, sondern durch die zwischen ihnen frei beweglichen Elektronen, von denen wir später mehr hören werden. Das ist in allen Metallen so, und diese Kristalle sind besonders dicht, weil die Elektronen eine ungerichtete, alle Atome zusammenzwingende Kraft erzeugen.

Der zweite Typ sind die „Ionengitter", in denen auf den Gitterplätzen elektrisch positiv und negativ geladene Atome sind, sogenannte „Ionen", natürlich immer soviel positive wie negative. Das ist der Fall in allen festen Salzen, auch im Speisesalz, aber auch in Stoffen, wie die meisten Mineralien sie darstellen.

Der dritte Typ sind die „Molekelgitter", wo ganze aus mehreren Atomen bestehende Molekeln Gitterplätze besetzen. Im Jod z. B. besetzen zwei-atomige Molekeln die Gitterplätze, im Schwefel sogar acht-atomige Molekeln. Auch alle Gase, wie Wasserstoff, Stickstoff, Sauerstoff werden bei tiefen Temperaturen zuerst flüssig, wie wir schon wissen, und bei noch tieferen Temperaturen fest und bilden dann solche Molekelgitter.

Es gibt endlich noch Gitter aus geladenen und ungeladenen Makromolekeln, d. h. Riesenmolekeln, die größer sind als der einzelne Elementarkörper und die dann als lange Ketten oder große blattförmige Schichten den ganzen Kristall durchsetzen. Das ist der Fall in den meisten festen Kunststoffen, aber auch Mineralien wie Asbest und Glimmer und den natürlichen Faserstoffen wie Wolle, Baumwolle oder Seide. Abb. 4 zeigt die wichtigsten Gittertypen an Beispielen.

Wir sahen, daß durch diese Untersuchungen eine ganz neue Chemie, die Chemie des festen Zustandes entstanden ist. Aber es ist auch eine Schwierigkeit aufgetreten: Wenn eine Flüssigkeit ihre Form verändert, indem sie fließt, so haben wir verstanden, daß sich dabei die Molekeln aneinander vorbeischieben. Bei einem festen Körper würde aber dabei die regelmäßige Ordnung der Bausteine verlorengehen, und gerade deshalb sind die festen Körper „fest", d. h. formbeständig. Wir können sie aber doch verformen, wird man einwenden, wir können sie biegen, ziehen, stauchen, schmieden, und sie bleiben doch dabei fest. Wie ist das möglich? Wir müssen hier zwei grundsätzlich verschiedene Arten von Verformungen unterscheiden: die elastische und die plastische Verformung. Bei der ersten Art verändert sich die Form unter Einwirkung einer Kraft, und beim Aufhören der Kraft geht die ganze Verformung wieder zurück. Eine Uhrfeder oder Autofeder ist das typische Beispiel hierfür. Was hier geschehen ist, ist *kein* Aneinandervorbeidrängeln der Molekeln, sondern einfach eine zusammenhängende Verformung des ganzen Gitters, etwa so, wie wenn wir ein Drahtmaschengeflecht verdrücken, ohne daß die einzelnen Maschen ihre Lage zueinander verändern. Diese elastische Verformung geht aber nur bis zu einer Grenze, der Elastizitätsgrenze, und wir wissen genau, daß wir diese durch stärkere Kräfte durchschreiten können und daß dann eine bleibende Verformung zurückbleibt: eine bleibende Dehnung z. B. beim Ziehen eines Drahtes oder beim Walzen eines Bleches, eine bleibende Biegung bei einem Nagel, eine bleibende Verdrehung bei einer Schraube oder eine bleibende Stauchung in einem Nietkopf. Wie ist das zu verstehen ohne Zerstörung des Kristallgitters? Nun, wenn das Metall, wie ein gewöhnliches Stück Metall, aus vielen regellos nebeneinanderliegenden, verschieden orientierten Kriställchen, den

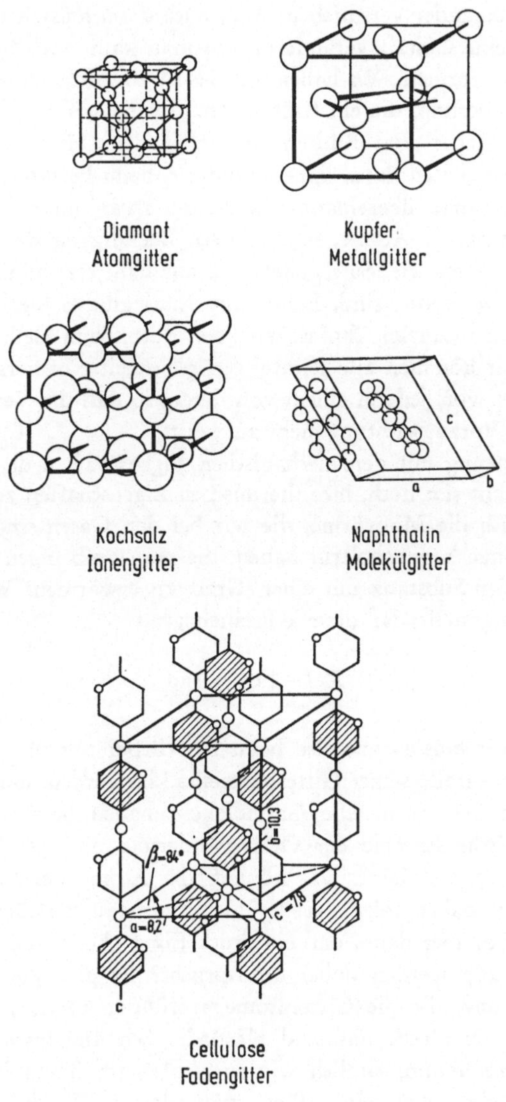

Abb. 4. Die verschiedenen Arten von Kristallgittern

„Kristalliten", besteht, können wir uns noch vorstellen, daß diese sich gegeneinander verschieben. Aber auch dann müssen sie ja jeder einzelne seine Gestalt verändern, und man kann auch Einkristalle plastisch verformen. Wir haben uns das so vorzustellen wie bei der Formveränderung, die ein Buch erfährt, wenn wir seinen Vorderdeckel senkrecht zum Rücken gegenüber dem Hinterdeckel verschieben: es gleiten dann einzelne Blätter, beim Festkörper „Gleitpakete" genannt, übereinander weg, und zwar immer um gerade ein oder mehrere Atome, so daß nach Beendigung des Gleitvorgangs das Gitter wiederhergestellt ist, nur daß jetzt andere Atome Nachbarn geworden sind. Beim Einkristall gibt es hierfür bevorzugte Gleitrichtungen, ähnlich wie beim Buch, beim vielkristallinen Metall aber kommen alle Richtungen gleichzeitig in verschiedenen Kristalliten vor, jede in einem von ihnen, so daß die Verformbarkeit keine Vorzugsrichtung mehr aufweist.

Doch genug mit den mechanischen Eigenschaften der Festkörper! Es lohnt sich noch, ihre thermischen Eigenschaften zu betrachten, nämlich die Molwärme, die wir bei den Gasen schon als die Wärmemenge kennengelernt haben, die man aufbringen muß, um ein Mol der Substanz um einen Grad zu erwärmen. Wir haben damals festgestellt, daß diese je Freiheitsgrad

$$R/2 = 1 \text{ cal/Grad}$$

beträgt. Wir müssen uns also beim Festkörper nur über die Zahl der Freiheitsgrade seiner Gitterbausteine klarwerden, um die Molwärme zu berechnen. Die Gasmolekeln haben beim Erwärmen ihre kinetische Energie der Ortsveränderung und gegebenenfalls der Rotation gesteigert. Das können die Atome des Festkörpers nicht, denn dabei würde ja der Gitterverband zerstört werden. Was heißt es aber dann, daß ein Stück Eisen „heiß" wird? Welche Freiheitsgrade werden dabei beansprucht? Es gibt nur eine Art der Bewegung, die die Gitteratome ausführen können, ohne das Gitter zu zerstören: das sind elastische Schwingungen um ihre Gitterplätze herum, ähnlich wie ein Apfel am Baum im Winde schaukelt, ohne aber seinen Platz zu verlassen. Wir können diese Schwingungen, ebenso wie wir das mit der Ortsveränderung der Gasmolekeln gemacht haben, wieder in drei Schwingungsarten aufspalten, nämlich entsprechend den drei Richtungen des Raumes, und wir kämen dann zu einer Molwärme von

$$3 \cdot R/2 = 3 \text{ cal/grad} .$$

Dabei haben wir aber eines vergessen: bei einer Ortsveränderung ist die einzige Energie, die darin steckt, die kinetische Energie, und dasselbe gilt auch für die Rotation der zweiatomigen Gasmolekeln. Bei der Schwingung aber ist das anders: Die Atome sind durch eine elastische Kraft wie durch eine Feder an ihre Ruhelage gebunden, und wenn sie diese schwingend verlassen, wird die Feder gespannt, es ist also auch noch eine Energie der Lage vorhanden. Da während der Schwingung nun kinetische Energie und Lageenergie ständig ineinander übergehen, müssen beide einander gleich sein, und so kommt zu der soeben berechneten kinetischen Energie noch ein gleicher Betrag von Energie der Lage hinzu, und wir erhalten eine Molwärme von

$$2 \cdot 3 \cdot R/2 = 6 \text{ cal/grad} .$$

Das ist die Regel der beiden Franzosen Dulong und Petit, die sich tatsächlich bei allen einatomigen Festkörpern (Atomgittern) bestätigt hat.

Der Grund, aus dem wir darauf überhaupt eingegangen sind, liegt darin, daß es besonders interessant wird, wenn die Regel nicht stimmt. Und sie stimmt nicht bei der tiefen Temperatur in der Nähe des absoluten Nullpunkts. Ja, bei sehr harten Stoffen wie Diamant oder Silicium stimmt sie schon bei Zimmertemperatur nicht mehr. Man hat experimentell gefunden, daß die Molwärme aller festen Körper bei genügend tiefen Temperaturen sogar sich dem Wert Null immer mehr nähert. Dies ist eine der Tatsachen, die in unserem Jahrhundert die Grundlagen der Physik und der Chemie erschüttert und verändert haben. Wir treffen hier zum ersten Mal auf eine Folge der „Quantentheorie" oder, besser gesagt, auf ein Verhalten der Materie und der Energie, das zu dieser Theorie geführt hat. Ihr Inhalt ist ungefähr der folgende:

Wir sind gewohnt, daß eine Saite auf der Geige stark oder schwach angestrichen werden kann. Sie klingt dann laut oder leise, und die Schwingungsweite, die wir mit dem Auge beobachten können, ist groß oder klein. Die Saite kann also Schwingungsenergie (kinetische und Lageenergie) in jeder beliebigen Größe aufnehmen. Sie kann diese auch wieder als Schall verlieren. Wenn das schwingende Gebilde nun bloß ein Atom ist, dann ist die Schwingungsenergie natürlich sehr klein, verglichen mit der Saite. Und da zeigt sich nun, daß diese kleine Energie nicht mehr in beliebigen Mengen aufgenommen oder abgegeben werden kann, sondern nur in bestimmten Einheiten, eben den sogenannten „Quanten", ähnlich wie etwa Geld nicht in beliebig kleinen Beträgen eingenommen oder ausgegeben werden kann, sondern nur in ganzen Pfennigen. Diese Energiebeträge sind für verschiedene Stoffe verschieden groß: Bei harten Stoffen, deren Atomschwingungen sehr rasch sind, sind sie größer als bei weichen Stoffen, deren Atome langsam schwingen. Man drückt das in der Gleichung aus:

$$E = n\,h\,\nu\,.$$

Hier ist E die Schwingungsenergie des Atomes, ν die Zahl der Schwingungen je sek. (Frequenz) und h eine allgemeine Konstante, die nach ihrem Entdecker die Planck'sche Konstante heißt oder das „Wirkungsquantum" von der sehr kleinen Größe 10^{-27} erg·sec. n muß dabei unweigerlich eine ganze Zahl sein, denn sie ist die Zahl der vorhandenen Energiepfennige. Wenn wir nun zu sehr tiefen Temperaturen übergehen, dann reicht die vorhandene Wärmeenergie, die ja nach

$$E_{kin} = {}^3\!/_2\,R\,T$$

(s. S. 8) der Temperatur proportional ist, nicht mehr aus, um den Atomen auch nur ein einziges Quantum zu liefern, und so nehmen sie überhaupt keine Energie auf, und die Molwärme wird zu Null. Natürlich besteht zwischen diesem Zustand bei sehr tiefen Temperaturen und dem Wert 6 bei hohen Temperaturen ein allmählicher Übergang; beim Diamanten befinden wir uns gerade in der Mitte dieses Übergangs, und bei 10 000° hätte auch er die Molwärme 6, bei null Grad absolut aber die Molwärme Null. Wir wollen uns dieses erste Beispiel von Quanteneinflüssen gut merken, denn wir werden immer wieder solche antreffen, und wir bemerken, daß die ganze physikalische Chemie durch die Quantentheorie beeinflußt worden ist.

7. Mischungen und Lösungen

Was wir uns bisher überlegt haben, bezog sich eigentlich immer nur auf einen einzelnen Stoff, der entweder ein Gas oder eine Flüssigkeit oder ein Festkörper war oder aus einem dieser Zustände in einen anderen überging. Von Chemie, also stofflicher Verschiedenheit, war also überhaupt nicht die Rede, und was wir betrachtet haben, ist also ebensogut ein Bestandteil der Physik wie der physikalischen Chemie. Das soll jetzt anders werden: Wir wollen jetzt Systeme betrachten, die mehrere Stoffe enthalten (wenn wir auch vorderhand das schwierige Gebiet nicht betrachten wollen, wo diese Stoffe ineinander übergehen, sich also chemisch verändern). Mehrere Stoffe können grundsätzlich in verschiedener Weise miteinander vergesellschaftet sein: heterogen und homogen. Ein heterogenes System haben wir vor uns, wenn die zwei Stoffe räumlich voneinander getrennt sind, obzwar ineinander verflochten: So ist im Bierschaum ein Gas (Kohlensäure) in Form von kleinen Bläschen zugegen, die voneinander durch Flüssigkeitshäutchen (Bier) getrennt sind, im Schnee sind Eiskristalle voneinander durch Luft getrennt, und Schlamm ist ein heterogenes System aus Wasser und Erde. Auch zwei Flüssigkeiten können miteinander ein heterogenes System bilden, z. B. Essig und Öl im Salat.

Wir wollen uns aber hier mit den homogenen Systemen beschäftigen, die an allen Stellen dieselben Eigenschaften haben, aber aus zwei Bestandteilen bestehen. Das sind einmal die Mischungen von Gasen. Alle Gase mischen sich vollständig miteinander: Die Luft ist ein solches Gemisch von Stickstoff und Sauerstoff. Unsere Gleichung

$$P V = n R T$$

gilt auch hier, nur ist n jetzt die Summe von n (Stickstoff) und n (Sauerstoff). Auch viele Flüssigkeiten mischen sich miteinander vollständig, z. B. Wasser und Alkohol in Wein und Schnaps, ebenso Öl und Benzin. Wir können auch feste Stoffe in Flüssigkeiten „lösen", z. B. Salz oder Zucker in Wasser. Der Bestandteil, der in überwiegender Menge vorhanden ist, heißt dann Lösungsmittel, der andere heißt gelöster Stoff. Oft ist die Entscheidung schwierig,

z. B. in starken Schnäpsen oder in wäßriger Schwefelsäure des Akkumulators. Es gibt endlich auch „feste Lösungen", auch „Mischkristalle" genannt. Hierher gehören die Silber-Gold-Legierungen des Juweliers, das bleihaltige Lötzinn, der Zahnschmelz (Mischung von Fluorapatit und Hydroxylapatit). Besonders übersichtlich sind die physikalisch-chemischen Gesetze, die die verdünnten flüssigen Lösungen betreffen, und mit ihnen wollen wir anfangen.

Da gibt es zunächst den wichtigen Begriff der *Löslichkeit*. Von der vollständigen Löslichkeit haben wir schon gesprochen, meist ist sie aber begrenzt. So kann man im Wasser nicht mehr als $36^0/o$ Kochsalz lösen, in Äther nicht mehr als $1^0/o$ Wasser. Ob ein Stoff sich in einem anderen leicht oder schwer, viel oder wenig löst, ist schwierig vorauszusehen; die Ähnlichkeit der chemischen Zusammensetzung spielt eine Rolle, am wichtigsten aber sind die Kräfte, die die Molekeln der beiden Stoffe aufeinander ausüben. Auch Gase lösen sich in Wasser, z. B. der Sauerstoff, den die Fische zum Atmen für ihre Kiemen brauchen (etwa $6\ cm^3$ im l Wasser). Hier ist der Einfluß der Temperatur von besonderer Bedeutung. Es gibt Fälle, in denen die Löslichkeit mit steigender Temperatur zunimmt — und das ist wohl die Mehrzahl der Fälle, insbesondere bei großer Löslichkeit; Zucker in Wasser, Kaliumchlorid in Wasser sind Beispiele. Es gibt aber auch Fälle, bei denen die Löslichkeit mit steigender Temperatur abnimmt, z. B. Natriumsulfat oder wasserfreie Soda in Wasser. In Sonderfällen, z. B. Kochsalz in Wasser, ist die Löslichkeit unabhängig von der Temperatur.

Wichtig ist nun, daß beim Auflösen des festen Stoffes in Wasser manchesmal Wärme aufgenommen wird, also Abkühlung eintritt und manchesmal Wärme frei wird, also Erwärmung auftritt. Und es gilt das strenge Gesetz: Wenn Wärme aufgenommen wird, nimmt die Löslichkeit mit der Temperaturerhöhung zu; wird Wärme entwickelt, nimmt sie ab. Halten wir das zusammen mit einigen Tatsachen, die wir schon kennen: Beim Schmelzen und beim Verdampfen wird Wärme aufgenommen, und bei steigender Temperatur schmelzen die festen Körper und nimmt der Dampfdruck der Flüssigkeit zu. Wir kommen so zu der Regel: derjenige Zustand, zu dessen Entstehung Wärme aufgenommen wird, wird durch Temperaturerhöhung begünstigt und umgekehrt. Dieses Prinzip, dessen Herkunft wir später noch genauer kennenlernen werden (s. S. 41), kann auch so ausgesprochen werden: Wenn wir auf ein System einen Zwang ausüben (z. B. indem wir es erhitzen), reagiert das System in der Richtung, in der es den Zwang vermindert (z. B. Wärme aufnimmt). In dieser Form heißt es das Prinzip von Le Chatelier und Braun. Es ist ein Grundgesetz der physikalischen Chemie. Der „Zwang" kann auch statt einer Temperaturänderung eine Druckänderung sein: Wenn wir den Druck vermehren, reagiert ein Dampf durch Volumverminderung, also durch Kondensation, und wenn wir den Druck vermindern, reagiert die Flüssigkeit, indem sie verdampft. Wir werden später sehen, daß dieses Prinzip auch die chemischen Reaktionen, also die stofflichen Änderungen beherrscht.

Die beim Lösen entwickelte oder verbrauchte Wärme gibt uns auch gleich einen Hinweis auf die Kräfte zwischen Molekeln in der Lösung. Zunächst ist klar, daß wir Wärme aufbringen müssen, um die Molekeln des festen Stoffes voneinander zu trennen. Sie kommen dadurch zwischen die Molekeln des Lösungsmittels; wenn dabei stärkere Kräfte auf sie wirken als vorher, muß im ganzen Wärme frei werden, wenn aber schwächere Kräfte wirken, muß Wärme gebunden werden, um die Molekeln des Festkörpers (und des Lösungsmittels) auseinander zu reißen. Wärmebindung bedeutet also schwache Lösungskräfte, Wärmeentwicklung starke Kräfte.

Man glaube aber nun nicht, daß alle Eigenschaften der Lösungen von diesen Kräften bestimmt werden. Insbesondere in verdünnten Lösungen ist die *Zahl* der gelösten Molekeln, also ihre Konzentration, der einzige für die Eigenschaften der Lösung ausschlaggebende Faktor. Die Frage, ob sie die umgebenden Lösungsmittelmolekeln mit starken oder schwachen Kräften an sich fesseln, ändert nämlich nichts daran, daß durch ihre Anwesenheit die Konzentration der Lösungsmittel-Molekeln vermindert wird, solche also *verdrängt* werden. Das hat zur Folge, daß weniger Molekeln des Lösungsmittels die Flüssigkeit verlassen als bei dem reinen Lösungsmittel. Das ist bei zwei Erscheinungen von Bedeutung.

Die eine betrifft den Dampfdruck der Flüssigkeit. Wir haben schon erfahren, daß bei jeder Temperatur die Flüssigkeit einen ganz bestimmten Dampfdruck ausübt. Natürlich findet ständig ein Austausch von Molekeln zwischen der flüssigen Phase und der

Dampfphase statt, und in jeder Sekunde verdampfen ebensoviele Molekeln aus der Flüssigkeitsoberfläche, wie andererseits aus der Dampfphase auf sie auftreffen und dort hängenbleiben. Wenn nun durch einen gelösten Stoff einige Lösungsmittelmolekeln aus der Flüssigkeitsoberfläche verdrängt sind, nimmt offenbar ihre Verdampfungsgeschwindigkeit ab, während die Stöße der Dampfmolekeln auf die Oberfläche dadurch unbeeinflußt bleiben. Die Folge muß sein, daß der Dampfdruck geringer wird, und zwar wird er um denjenigen Bruchteil erniedrigt, um den die Zahl der Lösungsmittelmolekeln verkleinert worden ist. Bezeichnen wir den Dampfdruck der reinen Flüssigkeit mit P, die Änderung durch den gelösten Stoff mit ΔP, die Zahl der anwesenden gelösten Molekeln mit n, die Zahl der noch anwesenden Lösungsmittelmolekeln mit N, so muß offenbar gelten:

$$\frac{\Delta P}{P} = \frac{n}{N+n}.$$

In Worten: Die relative Dampfdruckerniedrigung ist gleich dem „Molenbruch" des gelösten Stoffes. Das ist das wichtige Gesetz von Raoult. Es gilt natürlich nur, solange die Eigenschaften der Lösungsmittelmolekeln nicht durch die gelösten Molekeln verändert sind, also nur in verdünnten Lösungen.

Jeder weiß, daß Wasser bei 100 °C siedet, und das bedeutet, daß Dampfblasen in heißem Wasser frei bis zur Oberfläche aufsteigen können. Der Druck in diesen Blasen ist natürlich dann gleich dem äußeren Druck, also gleich einer Atmosphäre. Dieser Druck ist aber nichts anderes als das, was wir früher schon den Dampfdruck genannt haben, und der Siedepunkt ist also der Punkt, wo der Dampfdruck gleich einer Atmosphäre ist. Wenn nun in Lösungen der Dampfdruck des Lösungsmittels erniedrigt ist, muß offenbar eine höhere Temperatur als 100° erreicht werden, damit eine wäßrige Lösung den Dampfdruck von einer Atmosphäre erreicht. Lösungen zeigen demnach die Erscheinung der *Siedepunktserhöhung*. Z. B. siedet eine 1 Mol eines gelösten Stoffes im Liter enthaltende Lösung erst bei 100,52 Grad. Dementsprechend muß der Gefrierpunkt einer solchen Lösung erniedrigt sein, denn es muß am Gefrierpunkt der Dampfdruck der wäßrigen Lösung gleich demjenigen von Eis sein, und bei erniedrigtem

Dampfdruck muß daher eine niedrigere Temperatur erreicht werden, damit der Dampfdruck von Eis ebenfalls niedriger ist. Man betrachte hierzu Abb. 5. Unsere 1-molare Lösung hat z. B. einen Gefrierpunkt von $-1{,}86\,^\circ$C statt $0\,^\circ$C. Wir können nun die Siedepunktserhöhung und die Gefrierpunktserniedrigung als Maß

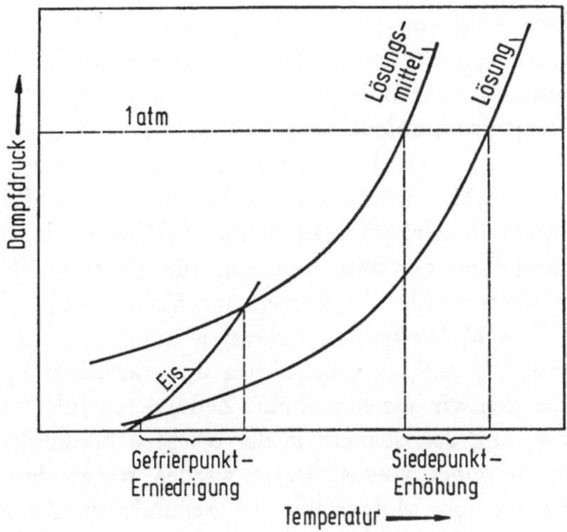

Abb. 5. Erklärung der Siedepunktserhöhung und Gefrierpunktserniedrigung auf Grund von Dampfdruckkurven

der Dampfdruckerniedrigung und diese wieder nach unserer obigen Gleichung von Raoult als Maß für den Molenbruch benutzen. Wenn wir nun die gelöste Menge G in Gramm kennen und aus unseren Messungen die Molzahl n nehmen, so haben wir damit das Molgewicht

$$M = G/n$$

gemessen, also eine *Molekulargewichtsbestimmung* gemacht. Der Chemiker hat nun auf diese Weise festgestellt, daß bei Salzen wie etwa beim Kochsalz dabei nur das halbe Molekulargewicht herauskommt. Das bedeutet natürlich, daß n doppelt so groß ist wie vermutet, daß also die Salze in wäßriger Lösung in zwei Bestandteile gespalten sind. Wir werden später sehen, daß diese Bestandteile positiv und negativ geladene Atome, sog. Ionen sind.

Eine praktisch wichtige Konsequenz der Gefrierpunktserniedrigung ist das Streuen von Salz in Straßenbahnweichen oder auf Autostraßen. Bei Temperaturen, wo reines Wasser schon gefroren wäre, ist Eis in Gegenwart von Salzlösungen wegen deren Gefrierpunktserniedrigung noch flüssig, also Wasser, und so kann das Einfrieren von Weichen oder das Glatteis vermieden werden. Eine andere Anwendung ist der Gefrierschutz im Autokühler: Durch Zusatz von Glykol wird der Gefrierpunkt des Wassers so weit gesenkt, daß der Kühler nicht einfriert und platzt.

Die Dampfdruckerniedrigung und alle ihre Folgen waren nur eine der Konsequenzen der Verdrängung der Lösungsmittelmolekeln durch die gelösten Molekeln. Sie beruhte darauf, daß weniger Lösungsmittelmolekeln die Oberfläche verlassen als im reinen Lösungsmittel. Das gilt aber nicht nur für die freie Flüssigkeitsoberfläche, sondern für alle Begrenzungsflächen einer Flüssigkeit, durch die ihre Molekeln hindurchtreten können. Solche Begrenzungsflächen sind z. B. in pflanzlichen und tierischen Zellwänden gegeben. Denken wir uns einmal eine Zelle, deren Inhalt eine Salzlösung ist — und das ist meist in der belebten Natur der Fall —, eingetaucht in reines Wasser. Dann werden wegen des Verdrängungseffekts weniger Molekeln in der Sekunde aus der Zelle austreten, als von außen aus dem reinen Wasser in sie eintreten, und in der Zelle muß sich so ein erhöhter Druck einstellen. Wir nennen ihn den *osmotischen Druck*. Es läßt sich leicht zeigen, daß für ihn das gleiche Gesetz gelten muß wie für einen Gasdruck, nämlich:

$$PV = nRT.$$

Dieser Druck ist sehr erheblich; bei unserer Lösung von 1 Mol im Liter beträgt er 22,4 Atmosphären ($n/V = 1$). Er ist also auch noch meßbar, wenn n ganz außerordentlich klein ist, und das ist insbesondere bei sehr großen Molekeln der Fall, wie sie etwa in den Eiweißkörpern der lebenden Organismen vorliegen. In der Tat benutzt man in solchen Fällen den osmotischen Druck zur Bestimmung von n und damit von M. Diese Methode ist viel empfindlicher für kleine n als die Siedepunkts- oder Gefrierpunkts-Methode, die mehr für kleine Molekeln (und daher große Molekelzahlen) geeignet sind.

Es sei hier nochmals betont, daß diese Erscheinungen, die alle mit der Dampfdruckerniedrigung zusammenhängen, sowohl bei Lösungen, die Wärme verbrauchen, wie auch bei solchen, die Wärme entwickeln, gleichermaßen eintreten und daher nichts mit den Kräften zwischen den Molekeln, sondern nur mit ihrer gegenseitigen Verdrängung oder Vertretung zu tun haben.

8. Adsorption

Wir haben jetzt genugsam erfahren, daß Molekeln anziehende Kräfte aufeinander ausüben können, und zwar Molekeln gleicher Art, z. B. in Flüssigkeiten, insbesondere in deren Oberfläche, und Molekeln verschiedener Art, z. B. in Lösungen. Wir können demnach besondere Wirkungen dann erwarten, wenn verschiedene Stoffe in Oberflächen miteinander in Berührung treten. Das ist in der Tat der Fall. Nur müssen wir, um deutliche Beobachtungen machen zu können, dafür sorgen, daß die Ausdehnung dieser Berührungsflächen möglichst groß ist. Das läßt sich am besten mit festen Körpern erreichen, weil diese wegen ihrer Formstarrheit der oberflächen-verkleinernden Wirkung der Oberflächenspannung nicht nachgeben können. So gibt es in der Natur und in der Technik eine große Zahl von sehr oberflächenreichen Festkörpern, die entweder aus porösen Gerüsten bestehen, wie etwa Knochenkohle, Zuckerkohle, Platinschwamm, Kieselgel, oder aus sehr feinkörnigen Pulvern, wie Tonerde oder Bariumsulfat, oder endlich aus „offenen" Kristallstrukturen, die regelmäßige innere Hohlräume aufweisen und heute unter dem Namen „Molekularsiebe" natürlicher oder künstlicher Herkunft bekannt sind. Alle diese Körper besitzen eine große Anzahl von Molekeln in der inneren oder äußeren Oberfläche, und diese Molekeln besitzen ungesättigte Anziehungskräfte. Wir können diese nicht, wie in Flüssigkeiten, dadurch absättigen, daß sie sich gegenseitig anziehen und so schließlich das ganze Gebilde zu einer Kugel zusammenschrumpfen lassen. Sie können es nur tun, indem sie aus der Umgebung fremde Molekeln anziehen und festhalten, „adsorbieren", wie man sagt. Bringt man also einen solchen oberflächenreichen Körper in ein Gas, so wird sich seine Oberfläche mit Gasmolekeln bedecken.

Molekeln, die diesen Anziehungskräften besonders unterworfen sind, werden auf diese Weise aus der Luft entfernt werden können. Es sind dies nun insbesondere zahlreiche für den Menschen giftige Stoffe. Darauf beruht der Atemschutz der Gasmasken, der nicht nur im Krieg, sondern auch bei der Industriearbeit oft lebenswichtig ist. Bringt man die oberflächenreichen Stoffe in Berührung mit Lösungen, so wird oft der gelöste Stoff bevorzugt an der Oberfläche adsorbiert und dadurch der Lösung entzogen, eine wichtige Methode zur Reinigung von Lösungen, z. B. in der Zuckerindustrie und der pharmazeutischen Industrie.

Man kann auch eine Mischlösung durch eine Säule aus einem solchen oberflächenreichen Stoff der Länge nach hindurchströmen lassen. Dann werden die am stärksten adsorbierbaren Lösungsgenossen schon an der Eintrittsstelle, andere erst an später durchströmten Stellen festgehalten, so daß man auf diese Weise eine Trennung von Stoffgemischen erreicht, die sog. „Chromatographie". Insbesondere bei der Analyse von biologischen Körperflüssigkeiten von Tier und Pflanze ist diese Methode heute unentbehrlich. Sie ist sogar auf Gase anwendbar: Man verdampft einen Tropfen der zu analysierenden gemischten Flüssigkeit in einen Gasstrom von Stickstoff oder Helium hinein und läßt diesen Gasstrom durch eine „Trennsäule" gehen. Jeder Bestandteil des Tropfens kommt dann nach einer verschieden langen Zeit am Säulenende an, wo er durch irgendeine meßbare Eigenschaft — Wärmeleitung, elektrische Flammenleitung, Strahlenabsorption — nachgewiesen werden kann. Diese „Gaschromatographie" ist ebenfalls ein unentbehrliches Hilfsmittel des Chemikers geworden.

Die Kräfte, die in diesen Beispielen wirken, sind wesentlich gleich jenen, die Flüssigkeiten oder Molekeln realer Gase zusammenhalten. Eine Adsorption kann aber auch durch die sehr viel — etwa 10- bis 100mal — stärkeren chemischen Bindungskräfte zwischen Atomen bewirkt werden. Insbesondere die fein verteilten Metalle, wie der erwähnte Platinschwamm, üben solche Kräfte an ihrer Oberfläche aus und adsorbieren infolgedessen Gasmolekeln, gewöhnlich unter Aufspaltung in freie Atome, sehr stark. In diesem Zustand sind Gase chemisch besonders reaktionsfähig, und deshalb kann hier durch Adsorption die Geschwindigkeit chemischer Reaktionen gesteigert werden — „Katalyse" (s. S. 65).

In der chemischen Großindustrie spielt diese Adsorptionskatalyse eine ungeheure Rolle für die synthetische Herstellung von Düngemitteln, Treibmitteln und Kunststoffen. Wir werden noch mehr darüber hören.

Interessant in unserem Zusammenhang ist noch die Tatsache, daß bei der Adsorption stets Wärme frei wird, wenig bei der Adsorption von Molekeln durch Molekularkräfte, 10- bis 100mal mehr bei der Adsorption durch chemische Kräfte (Chemisorption). Nach dem Prinzip von Le Chatelier und Braun folgt daraus, daß mit Erhöhung der Temperatur die Adsorption zurückgehen muß, was auch immer der Fall ist. Man kann also feste Adsorptionsmittel durch Erhitzen „entgasen".

Die früher erwähnte Tatsache, daß oberflächenaktive Stoffe die Oberflächenspannung des Wassers erniedrigen, erfährt jetzt eine neue Beleuchtung. Die Anreicherung dieser Stoffe in der Grenzfläche Wasser — Luft ist ja nichts anderes als eine Adsorption, und sie führt zu einer Verminderung der Oberflächenspannung. Wir haben diese Verminderung seinerzeit durch elektrostatische Abstoßung erklärt. Es genügt aber zu wissen, daß der Stoff in der Oberfläche angereichert wird, um schon allein daraus zu schließen, daß die Oberflächenspannung erniedrigt werden muß. Denn von der Arbeit, die für die Bildung von 1 cm² neuer Oberfläche aufgewandt werden muß (Arbeit gegen die Oberflächenspannung), geht ja diejenige Arbeit ab, die durch die Anreicherung des oberflächenaktiven Stoffes in dieser neuen Oberfläche gewonnen würde (Theorem von Gibbs).

9. Kolloide

An dieser Stelle berührt sich die physikalische Chemie mit einem anderen Zweig der Chemie, der sogenannten „Wissenschaft von den vernachlässigten Dimensionen" oder Kolloidchemie. Die Poren oder die Teilchen, von denen wir eben bei der Adsorption gesprochen haben, sind im Mikroskop gerade noch sichtbar, haben also eine Größe von ungefähr 1000stel bis 10 000stel mm (10^{-4} bis 10^{-5} cm). Von den Molekeln wissen wir andererseits bereits, daß sie etwa 10^{-8} cm groß sind. Dazwischen nun liegt die „vernachlässigte Dimension", von der man vor 100 Jahren noch nichts wußte, die aber von größter Bedeutung ist. Wir verstehen leicht, daß ein Stoff, der aus Teilchen dieser mittleren Größe besteht (jedes Teilchen natürlich aus 1000 bis 10 000 Molekeln!), eine riesengroße freie Oberfläche besitzen muß und deshalb in noch höherem Maße als ein poröser Adsorptionsstoff ganz besondere Eigenschaften besitzen wird.

Wir haben bei Behandlung des osmotischen Druckes Membranen kennengelernt, durch die zwar das Wasser hindurchtreten kann, nicht aber die in ihm gelösten Molekeln. Es gibt aber auch Membranen, durch die wohl das Wasser, aber auch die gelösten Molekeln, nicht aber Teilchen der vorhergenannten Größenordnung zwischen 10^{-5} und 10^{-7} cm hindurchtreten können. Viele künstliche und tierische Häute gehören dahin, z. B. Kollodium oder Schweinsblase. Mit solchen stellte man schon vor 100 Jahren fest, daß es klare oder fast klare Lösungen gibt, deren gelöster Stoff von der Membran zurückbehalten wird. Dazu gehört Eiweiß, Stärke und Leim, und daher auch der Name „Kolloide" oder „leimartige Stoffe". Sie alle haben also Teilchen dieser Größenordnung oder sogar Riesenmolekeln dieser Größe.

Herstellen kann man Kolloide auf zweierlei Weise: entweder durch Zerteilung oder durch Zusammenlagerung. Man kann z. B. Festkörper durch eine Mühle in einem Lösungsmittel zerteilen (Kolloidmühlen) oder durch einen elektrischen Lichtbogen zerstäuben (insbesondere Metalle), oder man kann auch Flüssigkeiten durch heftiges Emulgieren in einer anderen Flüssigkeit kolloidal verteilen. Mayonnaise ist eine solche Emulsion. Häufiger erzeugt man Kolloide durch Zusammenlagerung von molekularen Teilchen zu größeren Gebilden. Das geschieht einmal in der Industrie und im lebenden Organismus durch Zusammenwachsen kleiner Molekeln zu Riesenmolekeln (Stärke, Eiweiß, Kunststoffe) oder durch andere chemische Reaktionen, etwa die Reduktion von Gold aus seinen Salzen oder Fällung von Schwefel aus seinen Lösungen.

Die wichtigste Frage der Kolloidchemie ist nun, warum kolloide Lösungen überhaupt beständig sind. Infolge der Oberflächenspannung sollten doch eigentlich die Einzelteilchen, sobald sie infolge der Wärmebewegung miteinander in Berührung kommen, sich zu größeren Teilchen vereinigen, um ihre Oberfläche zu verkleinern, und dann zu Boden fallen. Es gibt zwei Ursachen, die das verhindern: bei den „hydrophilen" (wasserfreundlichen) Kolloiden ist es eine Umhüllung der Teilchen durch angelagerte Wasserhäute, die ein echtes Zusammenkommen der Oberflächen verhindert. Stärke und Eiweiß sind Beispiele dafür. Bei den „hydrophoben" (wasserfürchtenden) Kolloiden hingegen sind es elektrische Ladungen, die eine elektrostatische Abstoßung zwischen Teilchen gleicher Ladung hervorrufen. So ist kolloidales Gold durch angelagerte Ionen aus der Lösung, in der es entstanden ist, immer elektrisch geladen. Man kann nun ein Kolloid ausfällen, indem man es mit einem entgegengesetzt geladenen vermengt, weil dann die entgegengesetzt geladenen Teilchen sich gegenseitig anziehen und neutralisieren. Die Reinigung getrübter Industrie- und Stadt-Abwässer durch in ihnen hervorgebrachte Fällungen beruht auf diesem Prinzip.

10. Wärme und Arbeit

Wir wollen uns jetzt der eigentlichen physikalischen Chemie zuwenden, das heißt, den Fällen, wo in einem (homogenen oder heterogenen) System die verschiedenen Bestandteile miteinander in chemische Reaktionen eintreten, also stoffliche Veränderungen erleiden. Die erste Aufgabe besteht dabei darin, festzustellen und zu verstehen, in welcher Richtung die chemischen Vorgänge verlaufen, ob also z. B. in einem speziellen Falle eine Zersetzung oder eine Verbindung eintritt und zweitens, ob die Umsetzung vollständig zu 100% der Ausgangsstoffe eintritt oder nur teilweise und wenn so, wie weit. Früher gab es einmal eine Zeit, da man glaubte, das sei eine sehr einfache Aufgabe. Man glaubte, die Verhältnisse seien ähnlich wie bei mechanischen Bewegungen: das Wasser läuft immer zum tiefsten Punkt, der Skifahrer fährt „von selbst" stets abwärts, ein Pendel bleibt immer am tiefsten Punkt stehen usw. Der tiefste Punkt aber ist derjenige mit der minimalen Energie der Lage, und ähnlich meinte man, auch die chemischen Reaktionen gingen immer in Richtung auf einen energieärmeren Zustand, also in der Richtung, in der Wärme entwickelt wird. Oft ist dies auch richtig. Nehmen wir etwa die Verbrennung: Hier wird immer Wärme frei, und in der Tat gehen Verbrennungsprozesse im allgemeinen in der Richtung der Verbrennung und nicht der Reduktion, und zwar bis zum Ende. Oder nehmen wir das Thermit-Verfahren, wo aus Eisenoxid durch Aluminium das Eisen neben Aluminiumoxid gebildet wird. Auch hier wird Wärme bis zum Schmelzen des Eisens frei, und die Reaktion ist erst beendet, wenn das Material verbraucht ist. Aber bald wurde gefunden, daß es auch chemische Reaktionen gibt, bei denen Wärme gebunden wird, sogenannte „endotherme" Reaktionen. Eine früher sehr wichtige Reaktion dieser Art ist die Vereinigung von Stickstoff und Sauerstoff im elektrischen Lichtbogen zwecks Erzeugung von Stickstoffdünger, die Wärme verbraucht. Auch wir kennen bereits eine Anzahl von Vorgängen, die Wärme verbrauchen, so die Verdampfung, das Schmelzen und das Auflösen gewisser Stoffe in Lösungsmitteln. Wir haben sogar schon ein Prinzip kennengelernt, das für die Richtung von Vorgängen maßgebend ist, das Prinzip von Le Chatelier und Braun, das aussagt, daß hohe Temperatur die endothermen und tiefe Temperatur die exothermen Reaktionen bei diesen Vorgängen begünstigt. Der Einwand, daß es sich dabei nicht um chemische Vorgänge gehandelt habe, zieht nicht, denn wir haben uns schon eingangs überzeugt, daß diese Einteilung rein willkürlich ist.

Es gilt also nicht das Prinzip des geringsten Wärme- oder Energie-Inhalts, dem die reagierenden Systeme zustreben, sondern ein anderes Prinzip. Man hat das erst verstanden, als man über das Verhältnis von Wärme und Arbeit Genaueres erkannt hat, also vor ungefähr 100 Jahren. Die einschlägige Theorie, die „Thermodynamik", ist begrifflich etwas kompliziert. Da sie aber das Rückgrat der Lehre von den chemischen Reaktionen und damit der ganzen physikalischen Chemie bildet, wollen wir versuchen, uns wenigstens im Grundsätzlichen mit ihr vertraut zu machen, obgleich sie eigentlich der Physik angehört.

Wir knüpfen zu diesem Zweck an die Molwärmen der realen Gase an (s. S. 9). Wir hatten erkannt, daß für die Erwärmung eines Mols Gas um einen Grad beim einatomigen Gas 3 und beim zweiatomigen Gas 5 Kalorien erforderlich sind, und zwar, weil damit die temperaturabhängige Bewegungsenergie der Molekeln in Ortsveränderung und Rotation gerade entsprechend einem Grad erhöht werden kann. Arbeit nach außen hin wird dabei nicht geleistet, solange das Gas in ein festes Volumen eingeschlossen ist.

Man kann aber das erwärmte Gas auch als Expansionsmaschine benutzen, d. h. Arbeit leisten lassen. Wir denken uns dazu ein Mol Gas in einen Zylinder gefüllt, der einen beweglichen Kolben besitzt (Abb. 6). Die Bewegung des Kolbens kann z. B. in geeigneter Weise zum Heben eines Gewichtes verwandt werden. Dann wird offenbar von der zugeführten Wärme bei der Erwärmung um einen Grad nicht nur die innere Bewegung der Molekeln erhöht, sondern zusätzlich wird eine mechanische Arbeit geleistet. Wir drücken das durch die Gleichung aus

$$Q = U - A,$$

d. h. die zugeführte Wärme Q vermehrt einerseits die innere Energie U des Gases, andererseits veranlaßt sie das Gas zur Leistung einer äußeren Arbeit $-A$ (negativ, weil das Gas sie abgibt). Diese

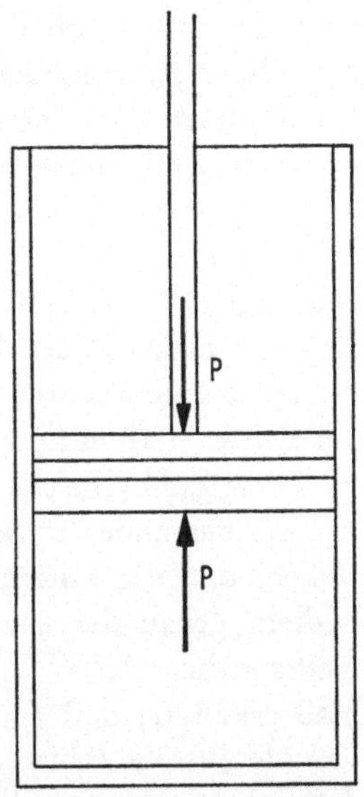

Abb. 6. Die reversible Ausdehnung eines Gases in einem Arbeitszylinder mit Kolben

Arbeit ist nun nichts anderes als die Vermehrung des Volumens gegen den äußeren Druck P, also die Zunahme des Produktes PV. Da nun für ein Mol des idealen Gases

$$PV = RT,$$

so ist die Arbeit bei der Ausdehnung wegen Erwärmung um einen Grad:

$$-A = R,$$

und somit wird jetzt die Molwärme um den Betrag $R = 2$ cal/Grad höher. Sie beträgt jetzt für ein einatomiges Gas $3 + 2 = 5$, für ein zweiatomiges $5 + 2 = 7$ cal/Grad. Wir bezeichnen die ohne Ausdehnung benötigte Wärme auch als C_v, die mit Ausdehnung bei konstantem Druck P benötigte Wärme mit C_p. Es ist also

$$C_p - C_v = R.$$

Die Gleichung

$$Q = U - A$$

ist nichts anderes als der Satz von der Erhaltung der Energie, ein Grundsatz jeder modernen Naturwissenschaft. Er heißt auch der I. Hauptsatz der Thermodynamik. Sein Entdecker, J. R. Mayer, hat aus der Gleichung

$$C_p - C_v = R$$

zum ersten Male 1840 die Umrechnung vom Wärmemaß (Kalorien) in mechanisches Maß (l. atmosph.) vorgenommen, das sogenannte „mechanische Wärmeäquivalent" festgestellt, wenn auch bei weitem noch nicht mit der heutigen Genauigkeit.

Diese Zahl gibt uns also an, in welchem Verhältnis Wärme und Arbeit ineinander umwandelbar sind. So konnte man z. B. feststellen, daß die Hitze, die ein Bohrer in einem Metallstück entwickelt, genau der zur Überwindung der Reibung erforderlichen mechanischen Arbeit entspricht. Es dauerte aber noch lange, bis man erkannte, daß der Vorgang nicht umkehrbar ist: Wenn wir das Metallstück erhitzen, fängt der Bohrer nicht etwa an, sich zu drehen! Die Umwandlung von Wärme in Arbeit ist also einer Beschränkung unterworfen, die umgekehrte Umwandlung aber nicht. Und merkwürdigerweise ist es diese Beschränkung, die uns in der Beurteilung der Richtung chemischer Vorgänge weiterhilft!

In unserem Beispiel mit dem Gas ist nur ein Teil der zugeführten Wärme in Arbeit übergegangen, ein anderer Teil hat die innere Bewegungsenergie des Gases erhöht. Wir könnten — wenigstens in einem Gedankenversuch — diesen zweiten Teil der Wärme vermeiden, wenn wir das Gas sich bei gleichbleibender Temperatur ausdehnen lassen. Es leistet dann dieselbe Arbeit, ohne daß seine Temperatur und seine innere Energie zunähmen. Dann wäre also doch eine vollständige Umwandlung von Wärme in Arbeit möglich? Ja, gewiß, aber eben nur einmal; wenn wir den Vorgang wiederholen wollten, wäre ja das Gas schon ausgedehnt, und bei jeder Wiederholung würde es sich um denselben Faktor weiter ausdehnen, so daß die Sache bald nicht mehr ginge. Wir lernen aus diesen Beispielen, daß die Umwandlung von Wärme in Arbeit nur dann möglich ist, wenn zugleich etwas anderes passiert, was nicht mehr rückgängig zu machen ist. In unserem Falle ist das die Ausdehnung des Gases. Man hat dann versucht, sich einen Prozeß vorzustellen, bei dem die Umwandlung nicht nur einmal, sondern

immer wiederholt vor sich geht. Das läßt sich erreichen, wenn man
jedesmal einen Teil der gewonnenen Arbeit wieder opfert, um
das Gas wieder zurückzudrücken und nur den anderen Teil ge-
winnt. Eine solche Maschine wäre eine ideale „Wärmekraft-
maschine", die aus Wärme „mechanische Kraft" = Energie erzeugt,
etwa wie eine Dampfmaschine oder Turbine oder auch ein Ex-
plosionsmotor. Man kann eine solche Maschine sich möglichst vollkommen vorstellen, also ohne irgendwelche Arbeitsverluste, ohne
Reibung und ohne rücktreibende Kräfte (die sog. Carnot-Ma-
schine). Und da zeigt sich eben, daß selbst dann nicht eine kontinuierliche vollständige Umwandlung von Wärme in Arbeit möglich ist, so daß immer ein anderer Teil der Wärme dabei andere
Wege geht, nämlich von einem heißeren Körper auf einen kälteren
Körper. Der Autofahrer z. B. weiß, daß von der in seinen Zylin-
dern erzeugten Verbrennungswärme des Benzins ein guter Teil
nicht das Fahrzeug bewegt, sondern nur den Kühler erwärmt. Es
ist also wieder etwas passiert, was nicht mehr rückgängig zu
machen ist, nämlich ein Wärmefluß von heiß nach kalt. Der ist
also Bedingung dafür, daß ein anderer Teil der Wärme in Arbeit
umgewandelt wird, während für die Rückumwandlung eine solche
Beschränkung nicht besteht.

An sich ist der Übergang einer Wärmemenge von höherer auf
tiefere Temperatur ein freiwilliger Vorgang, der auch schon ohne
eine solche Maschine ablaufen kann, z. B. einfach bei der Wärmeleitung von der heißen Kochplatte in das kalte Teewasser oder
bei der Wärmestrahlung vom heißen Ofen auf die kalten Füße.
Die Wärme wird dabei wertloser, denn man kann weniger mit ihr
anfangen. Das ist, wie wenn ein Geldbetrag von Dollar in irgendeine inflationierte Währung gewechselt wird. Um das zum Ausdruck zu bringen, dividiert man diese Wärmemenge durch die
Temperatur, auf der sie sich gerade befindet. Ein großer Bruch
dieser Art bedeutet also einen geringen Wert und ein kleiner
Bruch einen großen Wert der Wärme. Damit haben wir den wichtigsten Begriff der Thermodynamik erarbeitet, die sogenannte
„Entropie". (Der Name kommt vom Griechischen ἐντρέπω = nach
innen wenden, weil es sich um die Wärme handelt, die introver-
tiert und nicht verarbeitet worden ist. Oder ἐντρέπομαι = sich
schämen, weil es eine Schande ist, die Energie so zu entwerten.)

Wir kennen somit *zwei* Strebungen in der Natur der Prozesse, die
Wärme umsetzen und damit auch unserer chemischen Prozesse:
einmal das schon aus der Mechanik bekannte Prinzip, den Zustand mit der geringsten Energie zu erreichen. Dies würde die
exothermen Vorgänge begünstigen. Zweitens aber das neue Prinzip, möglichst viele Wärme zu entwerten, also den Bruch

$$Q/T = S$$

möglichst groß werden zu lassen.

Man kombiniert beide Prinzipien zu einem einzigen, indem
man eine neue Größe definiert, die bei jedem Vorgang möglichst
klein werden soll und die jetzt „freie Energie" heißt:

$$F = U - T S .$$

Diese Gleichung ist der *II. Hauptsatz der Thermodynamik.*

11. Der zweite Hauptsatz

Die Anwendung auf chemische Vorgänge sieht dann so aus, daß
nicht mehr einfach U einem Minimum zustrebt, sondern F. Damit
hängt die Richtung eines chemischen Vorganges nicht mehr einfach
davon ab, ob er exotherm oder endotherm ist, also von der Änderung von U, sondern ebensosehr von der Änderung von $T S$,
das möglichst groß (positiv) werden muß. Beide Einflüsse können
miteinander, aber auch gegeneinander wirken, und so werden die
endothermen Reaktionen, wie z. B. die Vereinigung von Stickstoff
und Sauerstoff, möglich. Es hängt also von der Größe $T S$ ab, ob
ein Vorgang in der endothermen Richtung (Vermehrung von U)
oder der exothermen Richtung (Verminderung von U) abläuft.
Der Punkt, wo der Vorgang schließlich stehenbleibt, ist dann der,
wo F den tiefsten Wert annimmt. In dieser geänderten Form und
nur in dieser gilt also auch für die chemischen Vorgänge die in
der Mechanik geltende Aussage, daß das System einem Minimum
zustrebt. Nur ist es hier ein Minimum der *freien Energie.*

Wir müssen uns nun mit der Größe $T S$ etwas beschäftigen.
Die Entropie wird, wie wir gesehen haben, immer größer, wenn
eine Entwertung der Wärmeenergie stattfindet. Und im einzelnen
haben wir schon gesehen, daß auch die Ausdehnung eines Gases

eine Entropiezunahme bedeutet. Wenn aus festen oder flüssigen Körpern ein Gas durch chemische Reaktion erst entsteht, z. B. aus Backpulver beim Erhitzen, dann bedeutet das natürlich erst recht eine Entropie-Vermehrung, und deshalb „treibt" das Backpulver, obgleich es dazu Wärme U aufnehmen muß. Es kann nun der Fall eintreten — bei Backpulver allerdings erst unter einem wahnsinnig hohen Gasdruck —, daß die durch Gasentwicklung erreichte Entropiezunahme gerade der Energieaufnahme die Waage hält, so daß keine Änderung von F mehr eintritt, und dann bleibt die Reaktion stehen. Diesen Punkt nennen wir das *chemische Gleichgewicht.* Wir werden uns bald genauer mit ihm auseinandersetzen, wir wollen aber jetzt festhalten, daß die Entropie-Änderungen mit den Gasvolumina zusammenhängen. Wenn keine Gase entwickelt werden, d. h. bei Reaktionen zwischen nur festen Körpern (etwa der Bildung von Zement aus Kalk und Kieselsäure), ändert sich die Entropie nicht oder nur sehr wenig, und dann kommt es auch nicht zu einem Gleichgewicht, sondern zu vollständiger Reaktion. Ebenso liegen die Dinge bei außerordentlich tiefen Temperaturen, weil dann $T S$ sehr klein wird, weil T sehr klein ist. Auch wenn wir zwei Gase ineinander diffundieren lassen (oder wenn wir zwei Lösungen zweier Stoffe miteinander vermischen), nimmt die Entropie zu, weil jedes der beiden Gase sich dabei ausdehnt, indem es beide Volumina besetzt. Da erkennen wir aber den geheimsten Sinn der Entropie: Bei der Vermischung ist nämlich Unordnung entstanden, etwa so, wie wenn wir den Inhalt zweier Büchergestelle vermischt hätten, *und Entropie ist Unordnung.* Feste Körper, in denen die Molekeln, wie wir wissen, regelmäßige Gitterplätze einnehmen, haben daher nur geringe Entropie, ja, der *III. Hauptsatz der Thermodynamik* sagt sogar, daß sie beim absoluten Nullpunkt überhaupt keine Entropie besitzen, d. h. vollständig geordnet sind.

Alles, was wir hier über die Umwandlung von Wärme in Arbeit und über das chemische Gleichgewicht schon erfahren haben, hängt natürlich mit der kinetischen Natur der Wärme zusammen; die Schwierigkeit der Umwandlung von Wärme in Arbeit beruht eben darauf, daß Wärme ungeordnete, Arbeit aber geordnete Bewegung ist, und wir können Bewegung nur ordnen, wenn wir andere Bewegungen noch unordentlicher machen.

12. Das chemische Gleichgewicht

Aus unseren bisherigen Überlegungen geht schon hervor, daß alle chemischen Reaktionen zu einem ähnlichen Gleichgewichtszustand führen müssen, wie wir das oben beim Backpulver gesehen haben. Nur wird dieser Zustand oft ganz auf einer Seite liegen: So liegt das Gleichgewicht der Vereinigung von Wasserstoff und Sauerstoff fast ganz auf der Seite des Wassers, das Gleichgewicht der Vereinigung von Stickstoff und Sauerstoff aber fast ganz auf der Seite der getrennten Gase, d. h. der Luft. In wieder anderen Fällen, etwa in dem Gichtgas des Hochofens, liegt es gerade in der Mitte. Die Gesetze dieses Gleichgewichts könnten wir ableiten, wenn wir die oben genannten Zusammenhänge zwischen Entropie und Gasvolumen (oder Gasdruck) aufstellen und benutzen wollten. Weil dieser Weg aber sehr umständlich und unübersichtlich wäre, wollen wir mogeln und einen anderen Weg gehen.

Wir wollen nämlich das Gleichgewicht nicht mehr als den Zustand betrachten, in dem Entropieerzeugung und Energieerzeugung sich gerade die Waage halten, sondern als den Zustand, in dem sich die Reaktion in der einen Richtung und die Reaktion in der entgegengesetzten Richtung gerade aufheben, so daß wir „von außen her" keine Umsetzung mehr wahrnehmen. Nun kann man leicht verstehen, daß die Reaktion in Richtung von den Ausgangsstoffen zu den Produkten hin um so schneller gehen wird, in je höherer Konzentration (Druck) die Ausgangsstoffe anwesend sind (einfach, weil dann diese Molekeln um so öfter zusammenstoßen können), und ebenso, daß die Rückreaktion der Produkte unter Wiederherstellung der Ausgangsstoffe um so schneller gehen wird, je höher die Konzentration (der Druck) der Produkte ist. Wenn nun im Gleichgewicht beide Reaktionen gleich schnell sein sollen, bedeutet das offenbar einfach, daß die Konzentrationen der Produkte zu den Konzentrationen der Ausgangsstoffe in einem ganz bestimmten Verhältnis stehen müssen, damit Gleichgewicht herrscht:

$$\frac{\text{Konzentration der Produkte}}{\text{Konzentration der Ausgangsstoffe}} = K .$$

Wenn nun z. B. noch mehr Ausgangsstoffe vorhanden sind, als diesem Verhältnis entspräche, werden so lange Ausgangsstoffe verbraucht und Produkte gebildet werden, bis der Wert K eingestellt ist. Und wenn zuviel Produkte da sind, werden umgekehrt solange Produkte verbraucht und Ausgangsstoffe gebildet, bis wiederum K erreicht ist. So bewirkt also die Konzentration der Stoffe, ihre „Masse“, Reaktion in der einen oder anderen Richtung bis zum Gleichgewicht. Deshalb heißt dieses Gesetz dann *„das Massenwirkungsgesetz“* oder MWG. Es beherrscht alle chemischen Umsetzungen. Wenn das Gleichgewicht, wie in einigen vorhin besprochenen Beispielen, fast ganz auf einer Seite liegt, so heißt das nichts anderes, als daß K entweder sehr groß ist (Gleichgewicht auf der Produktseite) oder aber sehr klein ist (Gleichgewicht bei den Ausgangsstoffen).

Das MWG wirft auch neues Licht auf unser „Prinzip vom kleinsten Zwange“. Wenn nämlich im Zähler unseres Bruches mehr Molekelarten (Stoffe) stehen als im Nenner, dann wird durch eine Druckerhöhung der Zähler stärker erhöht als der Nenner, und um das wieder auszugleichen, müssen dann mehr Produkte entstehen, bis K wieder richtig ist. Druckerhöhung begünstigt also den Verbrauch der Stoffe, von denen mehr Molekeln vorkommen, begünstigt also die unter Volumverminderung ablaufende Reaktion. Das ist von enormer Bedeutung bei der Synthese des Ammoniaks aus Stickstoff und Wasserstoff zur Gewinnung von Kunstdüngern. Drei Molekeln Wasserstoff reagieren nämlich mit einer Molekel Stickstoff, insgesamt also 4 Molekeln unter Bildung von 2 Molekeln Ammoniak. K ist sehr klein, die Ausbeute daher sehr schlecht. Durch Druckerhöhung aber wird deshalb der Zähler weniger vergrößert als der Nenner, und deshalb muß eine den Zähler vergrößernde Reaktion, eben vermehrte Ammoniakbildung, einsetzen. In dem neuen Gleichgewicht ist wohlgemerkt K wieder dasselbe, aber die Konzentration an Ammoniak erheblich höher geworden.

Auch der Einfluß der Temperatur läßt sich so verstehen. Wir hatten erfahren, daß Erhöhung der Temperatur die endothermen Vorgänge (z. B. Schmelzen und Verdampfen) begünstigt. Dasselbe ist nun auch beim chemischen Gleichgewicht der Fall: Bei Reaktionen mit Wärmeaufnahme (endothermen Reaktionen) wird mit steigender Temperatur K, das bei konstanter Temperatur unveränderlich ist, immer größer, es steigen also die Konzentrationen der Produkte auf Kosten derjenigen der Ausgangsstoffe, d. h. die Reaktion verläuft bis zu einem neuen Gleichgewichtszustand, in dem mehr Produkte vorhanden sind. Genau das Umgekehrte ist bei exothermen Vorgängen der Fall. So ist es günstig, Ammoniak aus Stickstoff und Wasserstoff bei recht tiefer Temperatur herzustellen, weil dabei Wärme frei wird und deshalb bei tiefer Temperatur die Gleichgewichtskonstante K größer ist. Umgekehrt wird Stickoxid aus Stickstoff und Sauerstoff bei möglichst hoher Temperatur, nämlich im elektrischen Lichtbogen, erzeugt. Man kann auch diese Verhältnisse verstehen, wenn man das Gleichgewicht als den Punkt mit minimalem F auffaßt und für die Entropie wiederum die Beziehung zu den Konzentrationen einsetzt, von der wir schon gesprochen haben. Wir können die Rechnung hier nicht gut wiedergeben; es kommt aber dabei heraus, daß es die Größe der Reaktionswärme ist, die dafür maßgebend ist, wie stark der Temperatureinfluß sich auswirkt.

Diese Gesetze, die wir soeben kennengelernt haben, also das Massenwirkungsgesetz, seine Konsequenzen und seine Temperaturabhängigkeit, gelten nun überall, wo das ideale Gasgesetz gilt, denn in den Beziehungen zwischen Entropie und Konzentrationen steckt dieses Gesetz drin. Wenn es sich freilich um reale Gase handelt, dann müssen diese Beziehungen natürlich verändert werden. Das Massenwirkungsgesetz wird dann nicht mehr durch einen einfachen Bruch von Konzentrationen ausgedrückt, sondern die Konzentrationen müssen dann noch mit Korrekturfaktoren multipliziert werden, die ihrerseits konzentrationsabhängig sind. Solange aber die Gase verdünnt sind, ist dies nicht nötig. Nun sahen wir, daß das Gasgesetz auch für den osmotischen Druck in Lösungen gültig ist, und wir schließen daraus, daß das Massenwirkungsgesetz auch in verdünnten Lösungen noch gilt. Das ist in der Tat der Fall. So werden wir binnen kurzem erfahren, daß 1 Mol einer Säure den elektrischen Strom um so besser leitet, je mehr wir es verdünnen und je mehr wir es erwärmen. Der „Zwang" des Verdünnens wirkt nämlich wie eine „osmotische" Druckverminderung und begünstigt daher die Spaltung der Molekeln in elektrisch geladene Ionen, und der Zwang des Erwärmens wirkt in derselben Richtung, weil bei der Spaltung Wärme aufgenommen wird.

13. Heterogenes Gleichgewicht

Alles, was wir bisher über das chemische Gleichgewicht erfahren haben, bezog sich also auf Gase und gelöste Stoffe. Wie aber nun, wenn an der Umsetzung auch feste Stoffe oder kompakte Flüssigkeiten (nicht Lösungen) beteiligt sind? Das sind recht wichtige Vorgänge; wir wollen einige davon anführen:

1. Das Treiben des Backpulvers:
$$NH_4CO_2NH_2 = 2\,NH_3 + CO_2\,.$$

2. Das Kalkbrennen:
$$CaCO_3 = CaO + CO_2\,.$$

3. Die Verbrennung der Kohle:
$$C + O_2 = CO_2\,.$$

4. Die Reduktion der Eisenerze im Hochofen:
$$FeO + CO = Fe + CO_2\,.$$

Im ersten Falle wird aus einem festen Körper ein Gas (-Gemisch), im zweiten Falle wird aus einem festen Körper ein anderer fester Körper und ein Gas, im dritten Falle wird aus Festkörper und Gas ein anderes Gas, und im letzten Falle wird aus Festkörper und Gas ein anderer Festkörper und ein anderes Gas (es spielt dabei keine Rolle, daß im Hochofen das Eisen flüssig anfällt; für unsere Betrachtung sind feste Körper und kompakte Flüssigkeiten gleichwertig). Alle diese Vorgänge führen grundsätzlich nur bis zu einem Gleichgewicht, und wir wollen die Form des Massenwirkungsgesetzes kennenlernen, die dieses Gleichgewicht regelt.

Man könnte versucht sein, einfach unsere Gleichung:

$$\frac{\text{Konzentrationen der Produkte}}{\text{Konzentrationen der Ausgangsstoffe}} = K$$

zu benutzen. Es wäre dabei aber sinnlos, etwa die Konzentration des festen Backpulvers, des festen Kalksteins, des festen gebrannten Kalks, der festen Kohle, des festen Eisenerzes und des flüssigen Eisens einzusetzen. Denn alle diese Stoffe sind ja keine Gase, und unsere Herleitung bezog sich ja nur auf solche, denn wir haben ja von einer Beziehung zwischen Entropie und Gasvolumen

Gebrauch gemacht. Wenn also überhaupt von Konzentrationen dieser Stoffe die Rede sein soll, kann es sich nur um die Konzentration ihrer gesättigten Dämpfe handeln, und die sind für jeden dieser Stoffe konstante Werte für die betrachtete Temperatur (allerdings sind diese „Dampfdrucke" meist außerordentlich klein). Dann können sie aber auf die andere Seite unserer Gleichung hinübergebracht und in das K hineinmultipliziert werden, was darauf hinauskommt, daß wir die festen (flüssigen) Reaktionsteilnehmer einfach weglassen (strenggenommen handelt es sich nicht um die Dampfdrucke, die ja meist verschwindend klein sind, sondern um den Beitrag dieser festen Körper zu dem Ausdruck F, um das sog. „thermodynamische Potential"). Das Massenwirkungsgesetz sagt dann folgendes aus:

Für das Backpulver: Das Produkt der Konzentrationen aller beiden entstehenden Gase (Ammoniak, Kohlendioxid) ist konstant. Es gibt also, genau wie bei der Verdampfung, einen Gleichgewichtsdruck. Solange dieser nicht erreicht ist, treibt das Backpulver; wenn er erreicht wäre (er ist weitaus höher als der Atmosphärendruck), würde es aufhören, und wenn er überschritten wäre, würden sogar umgekehrt sich die Gase zu festem Backpulver vereinigen.

Für das Kalkbrennen: Hier sind die Verhältnisse ganz ähnlich, denn das Vorhandensein noch eines festen Körpers, des gebrannten Kalkes, ändert ja auch an unseren Überlegungen nichts. Es gibt also einen bestimmten Gleichgewichtsdruck an Kohlendioxid: Er beträgt bei 900 °C gerade 1 Atmosphäre; man muß daher Kalkstein auf mindestens 900 °C erhitzen, damit er sich unter Atmosphärendruck spaltet.

Für die Kohleverbrennung: Es muß ein bestimmtes Verhältnis Kohlendioxid : Sauerstoff vorliegen; ist zuviel Sauerstoff vorhanden, was in Luft normalerweise der Fall ist, so verbrennt die Kohle vollständig; könnte man aber außerordentlich hohe Kohlendioxiddrucke herstellen, so würde dieses Gas sich umgekehrt unter Kohleabscheidung zersetzen.

Für die Eisenerz-Verhüttung: Das Verhältnis Kohlendioxid : Kohlenoxid hat im Gleichgewicht einen bestimmten Wert; ist es kleiner als dieser Wert, wird Eisenerz zu Eisen reduziert, ist es größer, wird umgekehrt Eisen oxydiert. Deshalb muß ein ganz bestimmtes Verhältnis eingehalten werden, und das bedeutet wieder eine ganz bestimmte Temperatur im Hochofen, weil Kohlenoxid und Kohlendioxid miteinander über die Reaktion

$$2\,CO = C + CO_2$$

durch ein temperaturabhängiges Gleichgewicht verknüpft sind (Boudouard-Reaktion).

Wir sehen, daß in allen diesen Fällen nur die *Anwesenheit* der festen Stoffe für das Zustandekommen des Gleichgewichts maßgebend ist, nicht aber deren *Menge*. Umgekehrt ausgedrückt: Die Gleichgewichtsbedingung K bedeutet nur, ob überhaupt alle festen Reaktionsteilnehmer anwesend sind oder ob (bei Abweichung von K) einer von ihnen verschwindet. Wir kommen hierauf zurück (S. 46).

Hinsichtlich des Einflusses der Temperatur auf heterogene Gleichgewichte haben wir nichts hinzuzufügen: K hängt auch hier von der Temperatur nach Maßgabe der verbrauchten oder entwickelten Wärme ab: Über dem Backpulver und über dem Kalkstein nimmt der Gasdruck mit der Temperatur zu, weil die Spaltungen Wärme verbrauchen. Über der Kohle nimmt das Gleichgewichtsverhältnis Kohlendioxid/Sauerstoff mit der Temperatur ab, weil die Verbrennung Wärme entwickelt, und im Hochofen ist das kritische Verhältnis Kohlendioxid : Kohlenoxid von der Temperatur nicht stark abhängig, weil die Reaktion fast keine Wärmebilanz hat. Nun sorgt die Boudouard-Reaktion für Kohlenoxid-Überschuß bei hoher Temperatur und damit für völlige Reduktion des Erzes.

Für Reaktionen, an denen neben verdünnten Lösungen feste Stoffe beteiligt sind, gilt ganz entsprechendes. Wir wollen hier nur den wichtigsten Fall besprechen, das Gleichgewicht zwischen schwer löslichen Salzen und ihren gelösten Ionen. Denken wir etwa an die lichtempfindliche Schicht des photographischen Films. Sie besteht aus Gelatine, in der kleine Kriställchen von Silberbromid verteilt sind. Hergestellt werden diese Schichten, indem man in eine Gelatinelösung, die Silbernitrat enthält, Kaliumbromid einfließen läßt. Wir haben schon bei der Messung der Gefrierpunktserniedrigung erfahren, daß gelöste Salze in geladene Ionen gespalten sind. Die Herstellungsreaktion kommt also darauf hinaus, daß in eine Lösung von positiven Silberionen negative Bromionen eingegossen werden. Dabei entsteht im Gleichgewicht ein Niederschlag, eben die Silberbromid-Kriställchen. Im Gleichgewicht lösen diese sich auch wieder auf unter Bildung der Ionen. In der Gleichgewichtsbeziehung kommen wohl die gelösten Ionen, nicht aber der feste Niederschlag vor: Sie lautet daher: Konzentration der Silberionen $\times$ Konzentration der Bromionen $= K$.

K heißt in diesem Fall das „Löslichkeitsprodukt", denn die Löslichkeit des Niederschlags ist dadurch begrenzt, daß das Produkt der beiden Ionenkonzentrationen den Wert K nicht überschreiten kann. Technisch möchte man natürlich gerne möglichst alles vorhandene Silber ausfällen, also die Konzentration der Silberionen recht klein machen. Man erreicht das, indem man mit einem großen Überschuß von Bromionen fällt, denn je größer dieser, um so kleiner die Silberkonzentration bei konstantem K.

14. Das Phasengesetz

Unter „Phase" wollen wir im folgenden immer einen Raum verstehen, der überall dieselben Eigenschaften hat. Eine Phase ist z. B. ein Gasraum, eine Phase ist auch ein homogener Festkörper, also eine Kristallart, eine Phase ist auch jede Flüssigkeit. Eine Flüssigkeit mit ihrem Dampfraum ist also ein zweiphasiges System, das System aus Eisen, Eisenoxid und dem Gasraum ist dreiphasig. Wir haben nun schon in den vorhergehenden Beispielen gesehen, daß immer eine Phase verschwindet, sobald wir von der durch das Massenwirkungsgesetz vorgeschriebenen Gleichgewichtszusammensetzung der Gasphase abweichen. Dasselbe gilt auch für einfachere Systeme und auch ohne chemische Reaktionen; so wissen wir z. B. bereits, daß bei Atmosphärendruck die Flüssigkeit verschwindet, wenn wir den Siedepunkt überschreiten, und daß das Eis verschwindet, wenn wir den Gefrierpunkt überschreiten, das Wasser aber verschwindet, wenn wir ihn unterschreiten.

Es gibt nun ein allgemeines Gesetz, das aussagt, was wir tun dürfen und was wir nicht tun dürfen, damit keine Phase verschwindet, damit also vollständiges Gleichgewicht herrscht. Etwas, was wir tun dürfen, wollen wir einen „Freiheitsgrad" nennen (dieser Begriff des Freiheitsgrades hat nichts zu tun mit den Bewegungsmöglichkeiten der Gasmolekeln, die wir ja ebenfalls Freiheitsgrade genannt haben). Dieses Gesetz, das „Phasengesetz", gibt nun eine allgemeine Aussage darüber, wieviele Freiheitsgrade (Änderungen von Temperatur oder Druck oder Zusammensetzung einer Phase) wir haben, wenn in einem System gegebener Phasenzahl und gegebener Zahl von Komponenten (Stoffarten) vollständiges Gleichgewicht herrschen soll. Diese allgemeine Aussage ist so kennzeichnend für die Denkweise der physikalischen Chemie, daß wir uns etwas damit beschäftigen wollen. Sie ist überdies für viele praktische Zwecke sehr wichtig, so für die Gewinnung von Salzen aus gemischten Salzlagerstätten oder aus dem Meerwasser und für die Bildung von Metallegierungen.

Zur Ableitung dieses Gesetzes wollen wir der Allgemeinheit halber annehmen, daß jede Komponente in jeder Phase löslich ist, wenn auch in sehr geringem Betrag. Für die Konzentrationen dieser b Stoffarten haben wir dann p Massenwirkungsgesetze, wenn p die Zahl der Phasen bedeutet. Diese Gesetze sind nicht alle unabhängig voneinander; wir müssen nämlich die Gasphase abziehen, weil die b Konzentrationen in ihr schon durch Gaslöslichkeiten in den übrigen Phasen (S. 24) festgelegt sind. Wir haben also nur $p-1$ unabhängige Massenwirkungsgesetze, die uns $b(p-1)$ Konzentrationen festlegen. Diesen Bestimmungsgleichungen steht nun eine Zahl von Unbekannten gegenüber, d. h. von Größen, die variabel sind. Es sind dies in jeder Phase alle b Konzentrationen bis auf eine, die als Rest nicht mehr variiert werden kann, also insgesamt $p(b-1)$ Konzentrationen; überdies können noch Druck und Temperatur variabel sein. Wenn die Zahl der Bestimmungsgleichungen gleich der Zahl der Variablen ist, sind diese alle festgelegt, wenn aber die Zahl der Variablen größer ist als die der Gleichungen, bleiben eine Anzahl von Variablen unbestimmt; sie können dann nach Belieben gewählt werden, ohne daß das Gleichgewicht zusammenbricht und eine Phase verschwindet. Sie sind unsere F Freiheitsgrade. Es ergibt sich so:

$$F = p(b-1) + 2 - b(p-1).$$

Daraus folgt:
$$p + F = b + 2,$$

das Phasengesetz!

Einige einfache Beispiele mögen dieses Gesetz erläutern: Nehmen wir eine Dampfdruckkurve, etwa die des Wassers. Hier haben wir die flüssige und die Gasphase, also zwei Phasen und einen Bestandteil, nämlich Wasser. Daraus folgt $F = 1$, wir haben einen Freiheitsgrad. In der Tat können wir eine Größe variieren, z. B. die Temperatur; einen zweiten Freiheitsgrad haben wir aber nicht, denn der Druck liegt ja jetzt als Dampfdruck fest und damit auch die Dampfkonzentration. Entsprechendes gilt für die Dampfdruckkurve des Eises, also für das Zweiphasengleichgewicht Eis — Gas.

Wir gehen gleich zu dem kompliziertesten unserer bisherigen Beispiele über, der Verhüttung der Eisenerze. Hier haben wir drei Phasen, nämlich die Oxidkristalle, die Eisenkristalle und die (gemischte) Gasphase. Andererseits haben wir drei unabhängige Bestandteile, denn von den vier Stoffarten Eisen, Eisenoxid, Kohlenoxid und Kohlendioxid benötigen wir nur drei, um das System in jeder beliebigen stofflichen Zusammensetzung aufzubauen. Daraus folgt: $F = 2$. Wir können also, ohne daß eine der Phasen verschwindet, die Temperatur wählen und dann noch einen der zwei Teildrucke in der Gasphase; der zweite aber liegt dann fest; wählen wir auch diesen zu hoch oder zu niedrig, verschwindet einer der zwei Festkörper.

Es sei schließlich noch bemerkt, daß das Phasengesetz eine Folgerung aus der Thermodynamik und speziell aus dem II. Hauptsatz ist, denn in ihm steckt ja, wie wir sahen, das Massenwirkungsgesetz darin, das ja seinerseits eine Folgerung aus dem Entropie-Prinzip gewesen ist.

15. Schmelzdiagramme und Legierungen

Wir wollen nun unser Phasengesetz auf einige Systeme aus zwei metallischen Bestandteilen anwenden, wobei wir sehr wichtige Kenntnisse über die technisch so bedeutsamen Metallegierungen erwerben werden. Denken wir zunächst an ein System, wo die beiden Metalle im flüssigen Zustand vollständig mischbar sind, im festen Zustand aber überhaupt nicht mischbar sind. Dann wird jedes der beiden Metalle bei Zusatz des anderen zur Schmelze die uns schon bekannte Gefrierpunkts- und Schmelzpunktserniedrigung erleiden. Wir sehen diese Erniedrigungen auf beiden Seiten in Abb. 7, wo die Schmelzpunkte senkrecht nach oben und die Zusammensetzung von reinem Silber links bis zu reinem Blei rechts aufgetragen ist. Längs der Linie *AE* scheidet sich aus der Schmelze reines Silber aus, ähnlich wie reines Eis aus einer Salzlösung, längs der Linie *BE* aber reines Blei. Im ersten Fall wird die zurückbleibende Schmelze immer bleireicher, im zweiten Fall immer silberreicher, bis der Punkt *E* erreicht ist. In diesem Punkt müssen sich beide Metalle nebeneinander als getrennte Kristallarten abscheiden, denn sie sind ja im festen Zustand

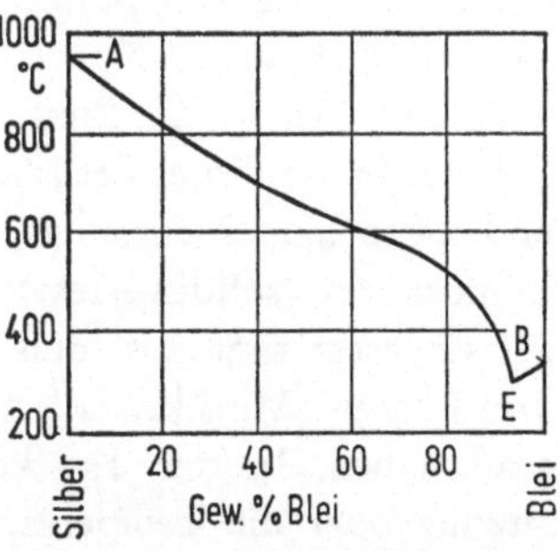

Abb. 7. Zwei im festen Zustand nicht mischbare Metalle bilden ein Eutektikum

nicht mischbar. Ein solches mechanisches Gemenge heißt Eutektikum (das leicht Schmelzbare). Das Phasengesetz sagt uns leicht, daß wir im Punkt *E* keinen Freiheitsgrad haben, denn wir haben zwei Kristallphasen, eine Schmelze und die Dampfphase, also 4 Phasen bei zwei Bestandteilen. In der Tat, versuchen wir die Temperatur zu ändern, verschwindet entweder die Schmelze oder die Kristalle, versuchen wir den Druck zu ändern, verschwindet die Gasphase oder siedet die Schmelze weg, und versuchen wir die Zusammensetzung zu ändern, verschwindet eine der beiden Kristallarten. Das System hat technische Bedeutung für die Silbergewinnung aus Rohblei, denn längs *BE* scheidet sich ja reines Blei aus, so daß die Schmelze immer silberreicher wird, bis man das Silber durch Wegbrennen des Bleies rein gewinnen kann (Pattinsonieren).

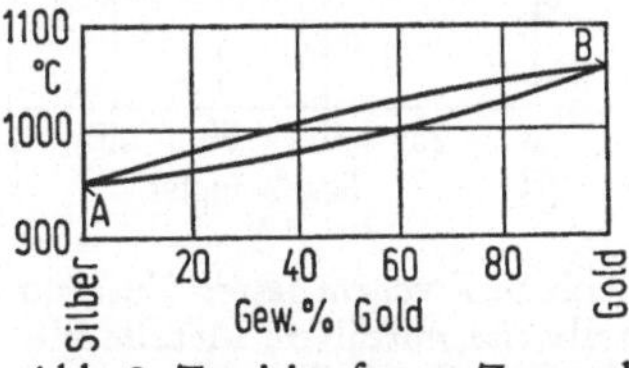

Abb. 8. Zwei im festen Zustand völlig mischbare Kristalle bilden eine kontinuierliche Reihe von Mischkristallen

Jetzt wollen wir dazu übergehen, daß die beiden Metalle sowohl im geschmolzenen wie auch im festen Zustand miteinander mischbar sind. Das ist der dem Goldschmied bekannte Fall Silber-Gold. Er ist in Abb. 8 wiedergegeben. Jetzt findet keine Gefrierpunktserniedrigung mehr statt, weil ja die Bedingung, daß der Dampfdruck der flüssigen Mischung demjenigen einer reinen festen Komponente gleich werden muß, nicht mehr gegeben ist. Vielmehr liegen die Erstarrungspunkte der Schmelzen aller Zusammensetzungen auf der oberen Kurve *AB*, der Liquiduskurve (von liquidus = flüssig). An jedem Punkt scheidet sich dabei ein Mischkristall aus, der in wahlloser örtlicher Verteilung Gold und Silber enthält, und zwar immer derjenige, der auf der unteren Kurve *AB*, der Soliduskurve (solidus = fest) in gleicher Temperaturhöhe liegt. Das Phasengesetz sagt aus, daß wir hier bei zwei Bestandteilen und drei Phasen (Mischkristall, Schmelze und Dampf) einen Freiheitsgrad haben. In der Tat können wir *entweder* die Zusammensetzung *oder* die Temperatur frei wählen, beide sind aber durch die Kurven miteinander verknüpft. Der Goldschmied verarbeitet lieber solche Mischkristalle, als reines (24-karätiges) Gold, weil sie immer härter sind als ihre Bestandteile, weil die „Gleitpakete" (S. 20) rauhere Gleitflächen aufweisen.

Der dritte Fall ist eine Kombination der beiden vorhergehenden, indem jetzt die beiden Metalle zwar in der Schmelze völlig, im festen Zustand aber nur teilweise ineinander löslich (mischbar) sein sollen. Das ist das in Abb. 9 vorgestellte System Silber — Kupfer. Längs *AE* erfährt das Silber, längs *BE* das Kupfer eine Schmelzpunktserniedrigung, es entsteht wieder ein Eutektikum bei *E*. Aber längs *AE* scheiden sich Mischkristalle der Zusammensetzungen *AF* und längs *BE* Mischkristalle der Zusammensetzung *BG* ab. Zwischen *F* und *G* klafft eine „Mischungslücke", die bei tiefer Temperatur breiter wird, und das Eutektikum *E* besteht jetzt nicht aus den reinen

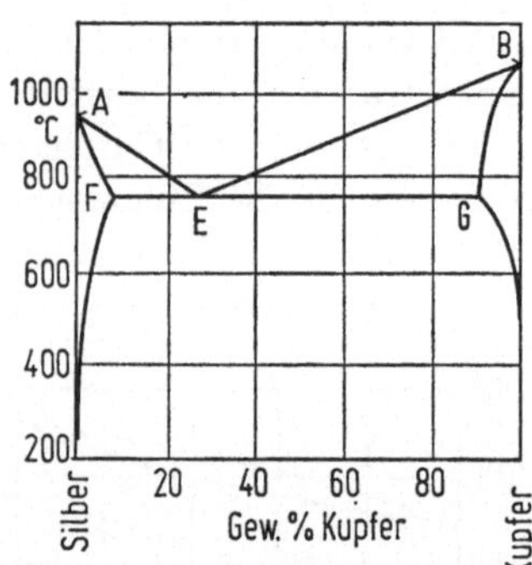

Abb. 9. Zwei im festen Zustand teilweise mischbare Metalle bilden ein Eutektikum, bestehend aus zwei gesättigten Mischkristallen

Komponenten-Kristallen, sondern aus dem kupfergesättigten Silber *F* neben dem silbergesättigten Kupfer *G*. Bei *E* haben wir wieder vier Phasen, nämlich zwei Mischkristalle, Schmelze und Gas, und daher keinen Freiheitsgrad. Auch hier verarbeitet der Juwelier lieber die 2-phasigen Kristallmischungen zwischen F und E als das reine Silber, weil sie aus zwei Gründen härter sind: einmal wie oben wegen der rauhen Gleitflächen, zweitens aber wegen der gegenseitigen Verzahnung zweier Kristallarten verschiedener Deformierbarkeit.

Sehr interessant ist noch der vierte Fall, wo die beiden Bestandteile in der Flüssigkeit vollständig miteinander mischbar sind, im festen Zustand aber nicht, wo aber zusätzlich bei einem bestimmten Mengenverhältnis eine neue, von beiden festen Bestandteilen verschiedene Kristallart, sozusagen eine feste Verbindung entsteht, die nun ihrerseits mit keinem der reinen Bestandteile mischbar sein soll. Der Fall ist an dem Beispiel Calcium—Magnesium in Abb. 10 dargestellt. Wir können uns dieses Bild durch eine durch C gehende senkrechte Linie in zwei Diagramme der Art von Abb. 7 geteilt denken. A erfährt eine Gefrierpunktserniedrigung durch den Zusatz von der Verbindung C zur Schmelze, C erfährt eine Gefrierpunktserniedrigung durch Zusatz entweder von A oder von B, und B durch Zusatz von C. Dementsprechend entstehen zwei Eutektika; das bei D besteht aus Kristallen von A und von der Verbindung C, das bei E aus Kristallen der Verbindung C und Kristallen von B. Bei D und E liegt wieder kein Freiheitsgrad vor, wohl aber bei C, wo ja nur eine feste Phase, eben C, neben Schmelze und Gas vorhanden ist.

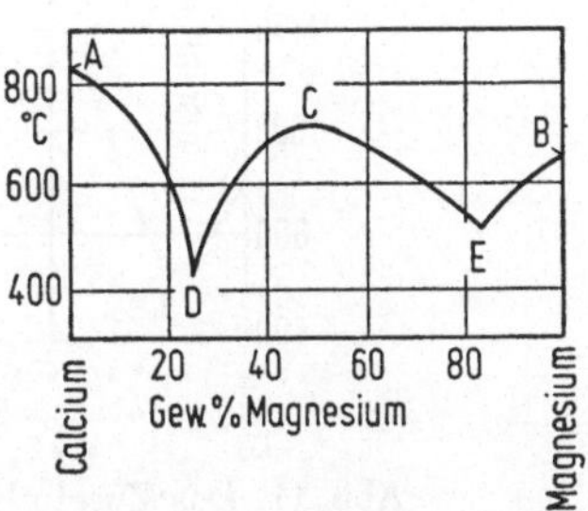

Abb. 10. Eine intermetallische Verbindung bildet ein Maximum des Schmelzpunktes zwischen zwei Eutektika

Die Kenntnis dieser vier typischen Fälle genügt uns, um ein sehr wichtiges System zu verstehen, nämlich das des kohlenstoffhaltigen Eisens bzw. des Stahls. In der Abb. 11 ist dieses System Eisen—Kohlenstoff dargestellt, nur daß wir das Bild rechts nicht bis zum reinen Kohlenstoff fortgesetzt haben, sondern nur bis zu 7% Kohlenstoff nach Gewicht, was einer Verbindung im Sinne von C in Abb. 10, dem Zementit aus drei Atomen Eisen je Kohlenstoff-Atom entspricht. Der Leser sieht leicht, daß die Punkte

51

A (Schmelzpunkt des Eisens), *F* (gesättigter Mischkristall), *E* (Verbindung Zementit) und *D* (Eutektikum zwischen gesättigtem Mischkristall und Verbindung) ganz den Abb. 9 und 10 entsprechen. Neu ist das folgende: Die Löslichkeit des Zementits im Eisen liegt bei *F*, wo sie ihre obere Grenze hat, nimmt mit fallender Temperatur längs *FH* ab, ebenso wie in Abb. 9. Diese Kurve

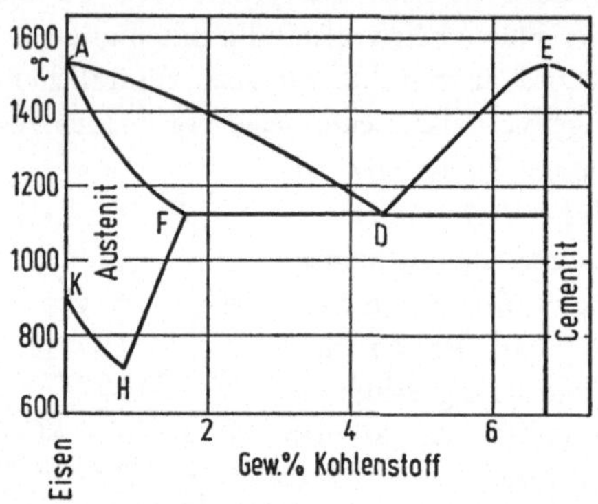

Abb. 11. Das Zustandsdiagramm Eisen—Kohlenstoff

schneidet sich bei *H* mit der Kurve *KH*, die nichts anderes bedeutet als einen Umwandlungspunkt des Eisens (längs *KH* haben wir zwei feste Phasen, Hochtemperatur-Eisen und Tieftemperatur-Eisen, und eine Dampfphase, daher einen Freiheitsgrad, entweder die Temperatur oder die Zusammensetzung). Der Punkt *H* ist also mit einem Eutektikum zu vergleichen, nur daß an die Stelle der Schmelze der Mischkristall getreten ist; in *H* liegen nebeneinander Tieftemperatureisen, Zementit, Mischkristall und Dampf vor, daher wiederum kein Freiheitsgrad. Der Existenzbereich des Mischkristalls, das Viereck *AFHK*, ist ein Gebiet mit zwei Freiheitsgraden (2 Phasen, Kristall und Dampf). Dieser Mischkristall ist nur bei hoher Temperatur beständig, nämlich oberhalb *H*. Durch Zusätze von Chrom, Nickel, Wolfram, Vanadium usw. kann man ihn aber bis zu tiefer Temperatur ausdehnen. Das sind dann die Edelstähle, auch wegen des Namens des Mischkristalls „Austenit" austenitische oder nicht rostende Stähle genannt. Der reine Kohlenstoffstahl aber wird erhalten, wenn der Austenit infolge sehr schneller Abkühlung noch unterhalb *H* erhalten bleibt,

52

im Gegensatz zu dem Zustandsdiagramm Abb. 11. Das wird durch Abschrecken in kaltem Öl erreicht („Härten"); durch Erwärmen auf Temperaturen etwas unterhalb H dagegen („Anlassen") entmischt er sich, wie im Diagramm vorgeschrieben, in weiches reines Eisen und Zementit. Er wird damit bearbeitbar. Nach der Bearbeitung kann man ihn wieder über H hinaus glühen und wieder abschrecken, also härten.

Wir haben an den besprochenen Beispielen, die nur die einfachsten Fälle betrafen, schon gesehen, wie die technologischen Eigenschaften von Metallegierungen vollständig durch das Zustandsdiagramm und damit durch das Phasengesetz beherrscht werden.

16. Reaktionsgeschwindigkeit

Wir haben uns bisher eigentlich immer mit Systemen beschäftigt, die sich in Ruhe, nämlich im Gleichgewicht befanden. Das gilt für die Gase, Flüssigkeiten und Festkörper und auch für die Verdampfung, wo Flüssigkeit und Gas miteinander im Gleichgewicht sind, für das Schmelzen, wo Festkörper und Flüssigkeiten miteinander im Gleichgewicht sind, für das Adsorptionsgleichgewicht und auch für die homogenen und heterogenen Gleichgewichte der Chemie. Wir haben alle diese Zustände zunächst beschreibend kennengelernt, wir haben aber dann erfahren, daß sie alle von einem Grundgesetz, nämlich den zwei Hauptsätzen der Thermodynamik beherrscht und bestimmt werden. Es ist aber nicht so, daß nun alle Systeme sich wirklich immer im Gleichgewichtszustand befinden. Erinnern wir uns an das soeben betrachtete Beispiel des Austenits, der bei tiefer Temperatur sich eigentlich in Eisen und Zementit entmischen sollte, aber in Wirklichkeit bei raschem Abkühlen in den zwar umgewandelten, aber nicht entmischten „Martensit" übergeht. Das, was eigentlich nach der Thermodynamik „sein sollte", geschieht also nicht oder doch zu langsam und erst bei der erhöhten Temperatur des Anlassens hinreichend rasch. Das gilt nun von sehr vielen Fällen, wo das, was „sein sollte", nicht oder nur sehr langsam eintritt. Denken wir an die Patrone mit Schießpulver einer Schußwaffe. „Eigentlich" liegt das Gleichgewicht des darin enthaltenen Schießpulvers so, daß

lauter Gase vorhanden sein sollen, nämlich Stickstoff, Kohlenoxid
und Kohlendioxid. Der Übergang von Schießpulver in diese Gase
ist also ein Vorgang, der „eigentlich" schon abgelaufen sein sollte.
Wir wissen aber, daß er außerordentlich langsam ist und daß man
Munition jahrelang aufbewahren kann, ohne daß diese Gase entstehen. Erst unter besonderen Umständen, auf einen besonderen
Anlaß hin, nämlich das Abdrücken und Zünden, geht die Reaktion plötzlich sehr rasch vor sich und treibt die Kugel aus dem
Lauf. Die Reaktion war also zunächst gehemmt. Wir verdanken
sogar unsere ganze Existenz solchen gehemmten Reaktionen; die
Elemente, aus denen unser Körper und überhaupt die belebte
Pflanzen- und Tierwelt besteht, sollten sich „eigentlich" ins Gleichgewicht setzen, indem sie Stickstoffmolekeln, Wassermolekeln
und Kohlendioxid, vielleicht noch etwas Ammoniak und Methan
bilden. Glücklicherweise tun sie das für gewöhnlich nicht oder doch
sehr langsam, und so können wir eine Weile existieren, müssen
allerdings den steten Verbrauch infolge Gleichgewichtseinstellung
durch Ernährung ständig ersetzen.

Wie kommt es nun, daß die Gesetze der Thermodynamik nicht
befolgt werden oder, besser gesagt, oft zu langsam befolgt werden? Die Thermodynamik arbeitet mit einer Anzahl von Begriffen, wie Phasen, Bestandteile, Drucke, Energien, Entropien und
so weiter. *Ein* Begriff kommt aber in allen Gesetzen der Thermodynamik nicht vor, nämlich die Zeit. Die Gesetze der Thermodynamik — und das sind fast alle Gesetze der physikalischen
Chemie, die wir bisher kennengelernt haben — *können* also gar
keine Aussage über den zeitlichen Ablauf der Vorgänge machen.
Und der Thermodynamik ist auch Genüge getan, wenn das Gleichgewicht erst nach 1 Million Jahren erreicht wird, wie bei den
geologischen Vorgängen der Gesteinsbildung und -umbildung,
ebensogut wie wenn es schon in einer Millisekunde erreicht wird,
wie bei Explosionen. Und noch eines: Die Thermodynamik der
chemischen Reaktionen betrachtet immer nur die Änderung von F
oder U oder von S, wenn Stoffe von einem Ausgangszustand
(Druck, Konzentrationen und Temperaturen) in einen Endzustand
(mit anderen Drucken, Konzentrationen und Temperaturen anderer Stoffe) übergehen, und daraus bestimmt sie, daß der Vorgang
in einer bestimmten Richtung und bis zu einem bestimmten Um-

satzgrade verlaufen muß. Wenn aber dabei Zwischenzustände durchlaufen werden, also z. B. Zwischenverbindungen oder vorübergehend anwesende Kristalle und dergleichen, dann weiß die Thermodynamik davon nichts. Man drückt das so aus, daß sie über den Mechanismus nichts weiß. Wenn z. B. Holz verbrennt, so entstehen zunächst aus der großen Molekel der Zellulose kleinere Molekeln und insbesondere ungesättigte Molekeln, sogenannte „Radikale", ehe die Endprodukte der Verbrennung, Kohlendioxid und Wasser, fertig sind. Dieser Verlauf liegt außerhalb der Thermodynamik, die nur diese Endprodukte vorherbestimmt.

Also weder über die Geschwindigkeit noch über den Mechanismus der chemischen Reaktionen können wir bisher Aussagen machen. Wir brauchen dazu einen neuen Teil der physikalischen Chemie, der gerade die von der Thermodynamik vernachlässigten Fragen beantwortet. Da er auf den Bewegungen der einzelnen Molekeln aufbaut, nennen wir ihn „chemische Kinetik", auf deutsch chemische Geschwindigkeitslehre, ebenso wie wir die Bewegungslehre der Gase kinetische Gastheorie genannt haben. In ihrer einfachsten Form haben wir sie schon bei der Betrachtung des Massenwirkungsgesetzes kennengelernt, als wir aussagten, daß die Reaktionsgeschwindigkeit um so größer sein muß, je größer die Konzentrationen der beteiligten Molekelarten sind. Eifersüchtige Liebhaber verätzen das Gesicht ihrer ehemals Angebeteten mit konzentrierter Säure, weil sie wissen, daß diese schneller ätzt als verdünnte Säure (das muß allerdings nicht immer so sein; die Wäsche wird mit viel Waschpulver auch nicht schneller sauber als mit weniger Waschpulver, da das Waschmittel, wie wir sahen, an der Wasseroberfläche und der Faserfläche adsorbiert wird und diese Schicht bei höherer Konzentration auch nicht dichter werden kann).

Neben der Konzentration haben noch andere Faktoren Einfluß auf die Reaktionsgeschwindigkeit, insbesondere die Temperatur. Bei hoher Temperatur geht in der Chemie alles schneller. Das ist die aufschlußreichste Erscheinung im Gebiet der Reaktionsgeschwindigkeit. Schon allein die Tatsache, daß alle Reaktionsgeschwindigkeiten mit der Temperatur ansteigen (von einer kleinen Ausnahme später, s. S. 59), steht in deutlichem Gegensatz zu den Verhältnissen beim Gleichgewicht. Dort haben wir gesehen, daß die Gleichgewichtskonstante, die die Reaktionsprodukte in Zähler enthält, bei endothermen Reaktionen mit der Temperatur zunimmt, bei exothermen aber abnimmt. Die *Geschwindigkeit*, mit der das Gleichgewicht erreicht wird, nimmt aber bei beiden Arten von Reaktionen immer mit der Temperatur zu. Das läßt uns vermuten, daß zur Erreichung einer erheblichen Geschwindigkeit immer Energie oder Wärme zugeführt werden muß. Und dem ist in der Tat so. Erinnern wir uns einmal an das, was wir über die Verteilung der kinetischen Energie erfahren haben, daß nämlich wenige Molekeln eine sehr geringe und auch wenige eine sehr hohe Energie besitzen, die meisten aber dazwischenliegen. Was wir damals nur für die Bewegungsenergie und Ortsveränderung ausgeführt haben, gilt in genau gleicher Weise auch für die Rotationsenergie der Molekeln und auch für ihre innere Schwingungsenergie. Es gibt also nur ganz wenige Molekeln, die auch insgesamt eine sehr hohe Energie besitzen. Dieser Bruchteil nun nimmt mit Steigerung der Temperatur erheblich zu (Abb. 2), ebenso wie etwa bei Steigerung des Wohlstandes die Zahl der sehr reichen Leute zunimmt. Der einfache Gedanke, den wir nun noch brauchen, ist der, daß für eine chemische Reaktion die Molekel oder die Molekeln mindestens eine *ganz bestimmte* Energie besitzen müssen, ebenso etwa wie nur Leute, die ein ganz bestimmtes Vermögen (oder Einkommen) besitzen, nach Italien fahren. Man hat diesen Gedanken mathematisch durchgeführt und hat tatsächlich herausgebracht, daß für jede Reaktion eine ganz bestimmte Mindestenergie benötigt wird und daß nur die Molekeln reagieren können, die mindestens diese Energie besitzen. Dabei hat diese „Aktivierungsenergie" nichts mit der Reaktionswärme zu tun, die wir in der Thermodynamik als so wichtig erkannt haben. Es gibt endotherme Reaktionen, deren Aktivierungsenergie ihre Reaktionswärme weit übersteigt, z. B. die uns schon bekannte Boudouard-Reaktion, und sogar exotherme Reaktionen benötigen Aktivierungsenergie, damit sie ablaufen. In diesem Falle muß also jede Molekel, damit sie reagieren kann, zunächst Energie aufnehmen, sich also der kleinen Zahl der energiereichen Molekeln durch die Stöße zugesellen; wenn sie dann reagiert, wird aber eine noch höhere Energie wieder frei, weil sowohl die zugeführte Aktivierungsenergie wieder abgegeben wird, wie auch die Reaktionswärme frei wird.

Wenn eine einzelne Molekel reagiert, wenn also die Reaktionsgeschwindigkeit nur von *einer* Konzentration abhängt, dann bedeutet das, daß nur der „aktive" Bruchteil der Molekeln reagiert. Wie reagiert er aber? So, daß eine Schwingung innerhalb der Molekel so intensiv wird, daß ihre Energie die genannte Aktivierungsenergie erreicht. Von allen Schwingungen, die alle Molekeln eines Gases (einer Flüssigkeit oder eines festen Körpers) ausführen, führt also nur der Bruchteil zur Reaktion, der mindestens die Aktivierungsenergie aufweist. Wir kennen nun die Häufigkeit, mit der Schwingungen in der Sekunde stattfinden, und wenn wir die Aktivierungsenergie kennen, können wir so die Reaktionsgeschwindigkeit berechnen. Dabei ist die Schwingungshäufigkeit für alle Molekeln mehr oder weniger dieselbe, die Aktivierungsenergien aber sind für verschiedene Reaktionen sehr stark verschieden, und daher allein kommt es, daß es langsame und schnelle Reaktionen gibt.

Wenn aber zwei Molekeln miteinander reagieren, dann müssen sie eben beide zusammen im Augenblick des Zusammenstoßes die nötige Schwingungsenergie plus Relativbewegungsenergie besitzen; von allen Zusammenstößen führt also wiederum nur ein von der Aktivierungsenergie abhängiger Bruchteil zum Reaktionserfolg.

Wäre das nicht so, würden also alle Schwingungen oder alle Zusammenstöße zur Reaktion führen, dann wären alle Reaktionen unmeßbar rasch; man kann berechnen, daß sie dann nach ungefähr einer 10milliardstel Sekunde zu Ende sein müßten, das Gleichgewicht also erreicht hätten. Früher nannte man solche Reaktionen „unendlich rasch". Dahin gehören z. B. die Neutralisation einer Säure mit einer Base, die Fällungsreaktionen von der Art der uns bekannten Ausfällung von Silberbromid unter Erreichung des Löslichkeitsproduktes und die Dissoziation von Säuren und Basen. Neuerdings ist es nun gelungen, sogar von so raschen Reaktionen die Geschwindigkeit zu messen. Das Prinzip, das dabei benutzt wird, ist das folgende: Man entfernt zunächst das bereits im Gleichgewicht befindliche System vom Gleichgewicht, indem man dieses verschiebt. Das geschieht in uns schon bekannter Weise unter Benutzung des Prinzips vom kleinsten Zwange: Man gibt einen Temperaturstoß, eine plötzliche Erwärmung und verschiebt da-

durch das System in Richtung der Wärmeaufnahme, also der
endothermen Produkte. Oder man gibt einen Druckstoß und verschiebt damit das System in der Richtung auf das kleinere Volumen (bei Gasen die kleinere Molzahl), oder man legt ein elektri-
sches Feld an und trennt dadurch Ionen voneinander. Man läßt
nun diesen Zwang plötzlich aufhören durch Ausschalten der Hei-
zung, der Druckpumpe oder des elektrischen Feldes und mißt nun
mit einem sehr rasch reagierenden Meßinstrument irgendeine Meß-
größe, wie Lichtabsorption, elektrische Leitfähigkeit, magnetische
Eigenschaft oder dergleichen. Während der milliardstel Sekunde,
die das System braucht, um in sein früheres Gleichgewicht zurück-
zukehren, läßt man die gemessene Größe, übersetzt in ein elektri-
sches Signal, auf einem Oszillographenschirm aufzeichnen, ähnlich
wie der Arzt die elektrischen Herztöne aufzeichnen läßt, und aus
dieser Kurve entnimmt man die Geschwindigkeit. Diese Messungen
haben eine vollständige Bestätigung der kinetischen Stoßtheorie
erbracht und haben die Spanne der meßbaren Geschwindigkeiten
von Jahren bis zu milliardstel Sekunden, also auf 18 Größenord-
nungen (Faktoren von 10), erhöht.

17. Zusammengesetzte Reaktionen

Unsere bisherige Beschreibung der Reaktionsgeschwindigkeit
hat sich nur auf ganz einfache Fälle bezogen, nämlich auf Vorgänge, wo entweder eine Molekel durch energiereiche Schwingungen oder zwei Molekeln durch energiereiche Zusammenstöße den
Gleichgewichtszustand erreichten. Das sind aber ziemlich seltene
Fälle, und die meisten chemischen Vorgänge verlaufen nicht so unmittelbar, sondern über Zwischenstufen. Wenn z. B. die Butter
ranzig wird, das heißt sich unter Wasseraufnahme dem Gleichgewichtszustand freien Glyzerins und freier Fettsäuren annähert
(diese Säuren geben den schlechten Geruch), so geschieht das nicht
einfach bei einem energiereichen Zusammenstoß mit Wassermolekeln, sondern zunächst werden durch einen energiereichen Zusammenstoß mit Sauerstoffmolekeln (vermutlich über noch weitere
Zwischenstoffe) Oxybuttersäure-Glyceride gebildet, und erst diese
spalten sich mit Wasser zu den Endprodukten. Ähnlich verlaufen

die meisten Reaktionen über Zwischenstufen: Die Synthese des Ammoniaks, deren Gleichgewicht wir ja schon betrachtet haben, erreicht dieses Gleichgewicht über verschiedene Zwischenstufen, von denen sogar Eisen ein notwendiger Bestandteil ist, wie wir noch sehen werden. Für solche Folgereaktionen gilt nun ein sehr wichtiger Satz: Die Geschwindigkeit des gesamten Vorganges wird bestimmt durch die des langsamsten Teilvorganges, jener kann nicht schneller sein als dieser. Denn wenn von zwei aufeinanderfolgenden Teilreaktionen die erste die langsamere ist, dann muß die Vollendung der Gesamtreaktion immer auf die erste Reaktion warten, und wenn die zweite Reaktion die langsamere ist, dann hilft auch eine große Geschwindigkeit der ersten Teilreaktion nichts, sondern es sammelt sich höchstens das Zwischenprodukt unverändert an. Diesen zweiten Fall haben wir bei der Oxydation des Stickoxids durch Sauerstoff zu Stickdioxid vor uns. Der erste Teilvorgang ist eine Dimerisierung des Stickoxids, wobei aus zwei Molekeln eine Doppelmolekel wird. Dieser Vorgang ist so schnell, daß er bis zum Gleichgewicht führt. Im Gleichgewicht ist eine geringe Menge Doppelmolekeln vorhanden, und weil ihre Bildung Energie freisetzt, ist diese Gleichgewichtsmenge bei höherer Temperatur immer geringer. Erst diese Doppelmolekeln reagieren in einer langsamen Folgereaktion mit Sauerstoff. Diese Reaktion geht, wie alle chemischen Reaktionen, bei höherer Temperatur schneller, aber — und das ist das Interessante — nicht so viel schneller, daß sie die Abnahme der Konzentration der Doppelmolekeln überspielen könnte: Der Gesamtvorgang wird deshalb bei höheren Temperaturen *langsamer*, weil die Zahl der Doppelmolekeln abnimmt. Das ist die früher erwähnte Ausnahme von dem Gesetz von der Temperaturzunahme der Reaktionsgeschwindigkeit. Den umgekehrten Fall, wo der erste Vorgang die Geschwindigkeit des Gesamtvorgangs begrenzt, haben wir bei sehr vielen Vorgängen der Korrosion vor uns. Darunter verstehen wir die Oxydation von Metallen, insbesondere Eisen an der Luft, die jährlich etwa ein Drittel der gesamten Jahresproduktion an Metallen wieder vernichtet, nämlich in Oxid zurückverwandelt. Hier müssen zwei Vorgänge nacheinander verlaufen, damit ein ganzes Metallstück sich oxydieren kann: Zunächst müssen Eisenatome durch die schon vorhandene Oxidschicht an der Oberfläche des

Metalls hindurchtreten (Zundern), und dann erst kann die chemische Reaktion zwischen Sauerstoff und Eisen stattfinden. Diese zweite Reaktion könnte an sich sehr rasch vor sich gehen, denn ihre Aktivierungsenergie ist gering. Das an der Grenzfläche zwischen Luft und Oxid angekommene Metall ist daher immer sofort verbraucht, und die weitere Korrosion muß dann darauf warten, daß neue Eisenatome durch einen langsamen Diffusionsprozeß durch die Oxidschicht nachgeliefert werden. Diese Diffusion aber, die ein Hüpfen von Eisenatomen von Gitterplatz zu Gitterplatz voraussetzt, hat eine sehr hohe Aktivierungsenergie (die Sprünge müssen energetisch sehr hoch sein) und ist deshalb recht langsam. Dies ist für uns günstig, denn das Gleichgewicht $(K = 1/P_{O_2})$ liegt ganz auf der Oxidseite. Es sei hier gleich bemerkt, daß bei den meisten chemischen Reaktionen zwischen Festkörpern und Gasen oder zwischen Festkörpern untereinander dieselben Verhältnisse obwalten: Die eigentliche chemische Umsetzung würde sehr rasch sein, wenn nicht die langsame Diffusion von Atomen, Atomgruppen oder Ionen durch die Kristallgitter langsam und daher geschwindigkeitsbestimmend wäre. Zum Beispiel bei der Zementbildung aus Kalk und Kieselsäure ist die eigentliche chemische Umsetzung ganz ungehemmt, denn sie besteht nur in der Nebeneinanderlagerung der Calciumionen und der Silikationen, sobald sie an ihren Plätzen angekommen sind, aber die Diffusion dieser Ionen aus den Ausgangsstoffen heraus und durch die Körner des gebildeten Silikates (Zementes) ist langsam, weil dabei die Ionen Plätze wechseln müssen.

18. Kettenreaktionen

Es gibt aber noch eine Gruppe von Reaktionen, die sehr rasch verlaufen können, obgleich sie eine erhebliche Aktivierungsenergie benötigen. Dazu gehören die meisten Verbrennungen, jedenfalls alle Flammen. Denken wir etwa an das Gemisch von Sauerstoff und Wasserstoff (Knallgas) oder von Chlor und Wasserstoff (Chlorknallgas). In beiden Fällen können wir die Mischung mit Wasserstoff herstellen und beliebig lange aufbewahren, ohne daß eine Umsetzung eintritt, obgleich das Gleichgewicht völlig auf der Seite des Wassers bzw. des Chlorwasserstoffs (Salzsäure) liegt.

Schon daraus geht hervor, daß die Aktivierungsenergie beträchtlich ist, denn sie wird bei Zimmertemperatur auch in Jahresfrist nicht aufgebracht. Sobald wir aber auch nur bei wenigen Molekeln diese Energie zuführen, sei es durch lokales Erhitzen, durch einen Funken, im Falle des Chlorknallgases auch schon durch Belichten, beginnt nicht nur eine Reaktion, sondern sie wird sogar sofort sehr lebhaft und artet sogar in den meisten Fällen in eine Explosion aus. Im ruhenden Gas verbraucht diese Explosion alles in dem Gefäß enthaltene Material, im strömenden Gas aber brennt sie dem Gasstrom entgegen, und wenn die Fortpflanzungsgeschwindigkeit der Explosion gleich der Strömungsgeschwindigkeit wird, haben wir eine stehende Explosion, eben eine Flamme vor uns. Wie kommt es nun dazu, daß eine Reaktion mit hoher Aktivierungsenergie dennoch so rasch werden kann? Die Lösung des Rätsels besteht darin, daß es sich auch hier um zusammengesetzte Reaktionen, aber von ganz besonderer Art handelt. Die Zwischenstoffe in dem vorhin bei den zusammengesetzten Reaktionen behandelten Sinne sind nämlich hier freie Atome, also Spaltstücke von Molekeln mit freien chemischen Bindungskräften (in anderen Fällen auch Atomgruppen mit freien Bindungskräften, sogenannte Radikale). Die Aktivierungsenergie des ersten „primären" chemischen Vorgangs ist dann die Spaltungsenergie einer Molekel, die in solche Radikale zerfallen muß, etwa nach dem Schema:

$$Cl_2 = 2\, Cl\dot{}$$

(Der Punkt oben bezeichnet den Radikalzustand). Ein solches Radikal ist nun sehr reaktionsfähig und kann, ohne dazu Aktivierungsenergie zu benötigen, Molekeln angreifen, z. B.:

$$Cl\dot{} + H_2 = HCl + H\dot{}.$$

Es entsteht also neben dem Reaktionsprodukt HCl wiederum ein Radikal, das nun seinerseits sehr reaktionsfähig ist:

$$H\dot{} + Cl_2 = HCl + Cl\dot{}.$$

In dieser tertiären Reaktion entsteht also nochmals das stabile Reaktionsprodukt, daneben aber — und das ist das Kennzeichen einer solchen „geschlossenen" Reaktionsfolge — wiederum ein Radikal genau der gleichen Art, wie das primär erzeugte. Es ist

dann nur natürlich, daß dieses sekundäre Radikal auch wieder
die gleiche Reaktion ohne Aktivierungsenergie eingeht wie das
primäre. Man sieht leicht, daß so immer wieder das Radikal sich
selbst reproduziert und somit die ganze Reaktionsfolge weiter-
geht, bis entweder der Wasserstoff oder das Chlor verbraucht sind
oder — und das ist die Regel — ein Radikal einmal ein Schicksal
erleidet, bei dem es keine radikalischen Nachkommen mehr erzeugt, z. B.:

$$Cl^{.} + Cl^{.} = Cl_2 \, .$$

Das ist aber ein seltener Vorgang, weil die Radikale so selten
sind, und daher ist die ganze „Kette" von Reaktionen recht lang,
und durch eine einmal aufgebrachte Aktivierungsenergie können
sehr viele Reaktionsproduktmolekeln gebildet werden. Solche Vorgänge heißen „Kettenreaktionen".

Eine Explosion oder eine Flamme kann daraus auf zweierlei
Weise werden: einmal als sogenannte „Wärmeexplosion"; damit
nämlich eine Reaktion zur Kettenreaktion werden kann, muß sie
natürlich exotherm sein, Wärme produzieren, denn nur dann ist es
denkbar, daß neben der Erzeugung der Produkte (HCl) noch
Energie übrig bleibt, um immer wieder die Radikale zu erzeugen.
Dadurch aber wird das ganze Reaktionsgemisch erwärmt, und
wenn die Wärmeableitung nach außen hin nicht genügt, um die
Temperatur konstant zu halten, dann muß das Gemisch immer
heißer werden, und damit wird die primäre Reaktion immer häufiger, die Zahl der Ketten immer größer, damit auch die Wärmeentwicklung immer schneller. Das führt wieder zur weiteren Erwärmung, und man sieht leicht, daß das ganze System dann
„durchgeht". Zweitens aber kann Explosion auch ohne Tempera-
tursteigerung eintreten nach einem Mechanismus, den wir aus der
Tagespresse als „Bevölkerungsexplosion" kennen. Das soll hier
heißen, daß ein Radikal nicht nur *ein* Radikal seinesgleichen wieder erzeugt wie bei einem „Einkindersystem", sondern deren
mehrere. Das ist z. B. beim Knallgas der Fall:

$$H_2 = 2\,H^{.}$$
$$H^{.} + O_2 = OH^{.} + O^{.}$$
$$OH^{.} + H_2 = H_2O + H^{.}$$
$$O^{.} + H_2 = OH^{.} + H^{.} \quad \text{usw.}$$

Dadurch wird mit jedem solchen Schritt die Zahl der laufenden Ketten immer größer, genau wie eine Bevölkerung immer mehr anwächst, in der in jeder Generation mehrere Kinder am Leben bleiben. Wir sprechen dann von „verzweigten Ketten". Die meisten Verbrennungsreaktionen sind von diesem Typ.

Eine besondere Art von verzweigten Kettenreaktionen, allerdings nicht zwischen Molekeln, sondern Atomkernen, haben wir in der Atombombe und in dem Atomreaktor vor uns: Wenn ein Neutron ein Uranatom spaltet, entstehen neben den Spaltstücken (z. B. Molybdän- oder Xenon-Atomen) 2—3 neue Neutronen. Wenn wir jedem davon erlauben, wiederum Uranatome zu spalten, wächst die Zahl der Neutronen und damit der Spaltungen bald ins Ungemessene an, und wir haben eine Atombombe. Wenn wir aber das Uran so in Stücke schneiden, daß die meisten Neutronen unverrichteter Dinge die Stücke verlassen und nur eines Gelegenheit zur Spaltung hat, dann haben wir wiederum eine unverzweigte Kette, die nicht explodieren kann (hier ist die Primärreaktion temperaturunabhängig), und das ist der Atomreaktor, der uns Energie liefert.

Wir haben vorhin von den Radikalen gesprochen, die ein Schicksal erleiden, bei dem sie keine radikalischen Nachkommen erzeugen, womit die „Kette" abbricht. Es gibt Fälle, wo wir solch einen Abbruch künstlich herbeiführen wollen, um eine Kettenreaktion im Zaum zu halten. Das ist z. B. im Automobilmotor der Fall, wo wir eine zur Unzeit auftretende zu heftige Explosion im Zylinder, das gefürchtete „Klopfen" oder „Klingeln", durch Ketten abbrechende Zusätze, insbesondere Blei-tetraäthyl oder auch Benzol verhindern, oder in der Davy'schen Sicherheitslampe der Bergleute, wo wir durch ein die Flamme umgebendes Drahtnetz nicht nur Wärme ableiten, sondern auch die Radikale am Übertritt in das äußere Schlagende-Wetter-Gas verhindern — denn jede feste Oberfläche beseitigt Radikale.

Bei dieser Gelegenheit muß noch einer ähnlichen, wenn auch abweichenden Art von Kettenreaktionen gedacht werden. Denken wir uns ein Radikal, das die Fähigkeit besitzt, sich an ein Ende einer Molekel so anzulagern, daß dabei die ungesättigte Bindungsstelle, die Radikalstelle, an das andere Ende dieser Molekel rutscht. Dann ist das Ergebnis dieser Anlagerung oft wieder ein Radikal, aber von anderer Art. Wenn dieses sich wieder an eine Molekel in derselben Weise anlagert, ist das Ergebnis ein zwei Molekeln enthaltendes Radikal mit der „Radikalstelle" an einem Ende. Dieses kann sich wieder an eine Molekel in gleicher Weise anlagern, und wir haben dann ein drei Molekeln enthaltendes Radikal mit der Radikalstelle an einem Ende, und das kann sich dann beliebig fortsetzen. Wir haben offenbar eine Kettenreaktion vor uns, denn ein Radikal erzeugt immer wieder ein Radikal, aber die Radikale werden dieses Mal dabei immer länger, und je mehr solche Anlagerungsschritte vor sich gehen, desto länger wird nicht nur die Kette von Reaktionsschritten, sondern desto länger wird auch die Molekelkette, so lange, bis das Ende sich irgendwie mit seinesgleichen oder mit einer festen Oberfläche oder mit einem Reaktionspartner stabilisiert und nun keine Reaktionsschritte mehr ausführt, aber auch keine Längenzunahme mehr erfährt. Wir nennen diesen Prozeß „Polymerisationskette" und die dabei erhaltenen langen Kettenmolekeln „Makromolekeln". Dieser Vorgang ist der Ursprung, und diese Molekeln sind die Bestandteile aller Kunstfasern und Kunststoffe, wie Nylon, Perlon, Terylen, PVC, Polyäthylen, Polystyrol und wie sie alle heißen. Auch viele Naturprodukte, wie Baumwolle, Wolle, Seide, Kautschuk, Leim, Eiweiß, Stärke, bestehen aus Makromolekeln, die auf ähnliche Weise entstanden sein dürften.

Mit den Kettenreaktionen verwandt ist auch eine besondere Art von Umwandlungen der lebenden Substanz. Die Stoffe, die in der lebenden Zelle Träger des Lebens sind, sind einerseits das Eiweiß oder Protein, eine in jedem Organismus anders zusammengesetzte Makromolekel, die Katalysator, d. h. Beschleuniger (s. S. 65) der chemischen Reaktionen in der Zelle ist, und andererseits die Desoxyribonukleinsäure der Zellkerne, eine komplizierte Makromolekel aus Zucker, Phosphorsäure und organischen Basen. Ihre Zusammensetzung bestimmt dabei diejenige der Proteine und ist ihrerseits, weil diese Molekel sich selbst reproduziert, Träger aller erblichen Eigenschaften des Organismus. Untersuchungen mit Röntgenstrahlen (s. S. 16) haben gezeigt, daß diese lange Molekel im lebenden Organismus zu Spiralen aufgewickelt ist wie Zugfedern. Die einzelnen Gänge der Schraube („Helix" = „Schnecke") kleben durch die uns schon bekannten Molekelanziehungen aneinander. Aber schon durch sehr mäßige Temperaturerhöhung können sie sich voneinander lösen, und aus der Schraube wird ein regelloses Knäuel. Dieser Vorgang heißt die „Denaturierung" des Eiweißes. Wir beobachten ihn z. B., wenn wir ein Ei hart kochen, und wir benutzen ihn, wenn wir Bakterien durch Erhitzen töten und so sterilisieren, oder wenn wir Marmelade kochen und dabei die Gärungsenzyme (Katalysatoren) denaturieren und unwirksam machen. Es ist immer aufgefallen, bei wie geringen Temperaturdifferenzen und wie schnell dieser Vorgang vor sich geht. Als einfache chemische Stoß- oder Schwingungsreaktion läßt er sich nicht verstehen. Die Lösung des Rätsels ist in gewisser Hinsicht ähnlich wie bei den Kettenreaktionen: Der Übergang von der Helix zum Knäuel ist nur möglich, wenn die Atomkette der Makromolekel in sich gedreht wird, wie man leicht an einer Drahtspirale oder an dem Kabel des Telefonhörers sehen kann. Eigentlich müßten nun alle Bindungen zwischen benachbarten Kohlenstoffatomen in der Kette sich gleichzeitig drehen und jede dabei die notwendige Aktivierungsenergie aufnehmen, um die beobachtete schnelle Umwandlung auszuführen, ein äußerst unwahrscheinlicher Vorgang. Wenn aber jede Bindung sich leicht und mit geringer Aktivierungsenergie drehen läßt nur dann, wenn die benachbarte Stelle schon umgedreht ist, dann ist leicht einzusehen, daß dann eine Welle der Drehung durch die ganze Kette läuft und diese schnell in ein Knäuel verwandelt. Das ist insofern einer Kettenreaktion verwandt, als jede sich umdrehende Bindung sofort eine leicht umdrehbare Bindung, nämlich die nächste in der Reihe, hervorbringt.

19. Katalyse

Daß die Konzentrationen der Reaktionsteilnehmer sowie auch die Temperatur einen Einfluß auf die Reaktionsgeschwindigkeit haben, darin ähnelt diese in gewissem Maß dem Gleichgewicht, das ja auch nach dem Massenwirkungsgesetz und nach dem Prinzip vom kleinsten Zwange von Konzentration und Temperatur abhängt. Es gibt aber bei der Reaktionsgeschwindigkeit noch einen weiteren Einfluß, den es beim Gleichgewicht nicht gibt, nämlich die Anwesenheit fremder Stoffe, die weder Reaktionsteilnehmer noch Reaktionsprodukte sind, sondern einfach im System vorhanden sind. Auf das Gleichgewicht können solche Stoffe keinen Einfluß ausüben, denn wir haben ja gesehen, daß die Lage des Gleichgewichts eindeutig durch Energie und Entropie bestimmt ist, und diese beiden Größen werden durch die Anwesenheit anderer Stoffe ja nicht verändert. Wir bezeichnen den Einfluß fremder Stoffe auf eine Reaktionsgeschwindigkeit als „Katalyse", ein Begriff, der 1835 auf Grund verschiedener verstreuter Beobachtungen erstmals aufgestellt wurde. Im Laufe der seither vergangenen Zeit hat die Forschung immer mehr erkannt, daß die Katalyse einen ungeheuer verbreiteten Einfluß hat, ja, daß es fast keine nichtkatalytischen Reaktionen gibt. Das gilt insbesondere für den lebenden Organismus: Alle diejenigen chemischen Umsetzungen, die in ungeheuer komplizierter Weise ineinandergreifen, um die aufgenommenen Nahrungsmittel durch die eingeatmete Luft zu verbrennen und die durch die dabei freigewordene Energie die Lebensvorgänge speisen, sind katalytische Reaktionen, d. h. ihre Geschwindigkeit wäre ungeheuer langsam, wenn sie nicht durch gewisse in den Zellen vorhandene Katalysatoren (Enzyme) beschleunigt würden. Fast ebenso groß ist die Bedeutung der Katalyse für die chemische Großindustrie. Wir haben bereits das Beispiel der Ammoniaksynthese kennengelernt, bei der eine Eisenverbindung als Zwischenstufe auftritt, weil eben Eisen auf diesem Wege die Synthese beschleunigt und so erst in vernünftigen Zeiten möglich macht. In ähnlicher Weise werden in der Industrie alle möglichen Verbindungen erzeugt; insbesondere die Rohstoffe für alle Kunststoffe, Kunstfasern und Kunstharze werden durch Katalysatoren aus den Produkten des Erdöls und der Kohle erzeugt und durch wieder andere Katalysatoren zu den Kunststoffen polymerisiert.

Wir teilen die katalytischen Erscheinungen ein in homogene und heterogene Katalysen, je nachdem, ob der Katalysator sich in derselben Phase (Gas oder Flüssigkeit) befindet wie die reagierenden Stoffe (homogenes System) oder in einer anderen, benachbarten Phase (heterogene Katalyse), wo z. B. reagierende Gase in Berührung mit einem festen Metall stehen. Homogene Katalysen kennen wir in großer Zahl; eine der ältesten technisch wichtig gewordenen Katalysen ist die Oxydation der schwefligen Säure durch Sauerstoff unter Katalyse durch Salpetersäure zwecks Herstellung von Schwefelsäure. Hier hat man auch zuerst verstanden, warum die katalysierte Reaktion geschwinder ist als die nichtkatalysierte, spontane Reaktion in Abwesenheit von Katalysatoren: Zuerst wird die schweflige Säure durch die Salpetersäure zu Schwefelsäure oxydiert, wobei die Salpetersäure zu sauerstoffärmerer salpetriger Säure wird, und dann erst wird diese vom Sauerstoff zurückoxydiert zur Salpetersäure. Die Salpetersäure tritt also in den Prozeß ein und tritt scheinbar unverändert wieder aus, und die Beschleunigung kommt einfach so zustande, daß die beiden aufeinanderfolgenden Prozesse alle beide schneller sind als die eine höhere Aktivierungsenergie erfordernde und daher ganz unmeßbar langsam verlaufende direkte Oxydation der schwefligen Säure durch Sauerstoff. Der Katalysator hat also einen Zwischenstoff, die salpetrige Säure, gebildet, der dann weiter reagiert. Andere homogene Katalysen sind die in der organischen Chemie sehr verbreiteten Katalysen durch Säuren oder Basen. Bei der Säuren-Katalyse ist hier der Zwischenstoff eine Anlagerungsverbindung eines Wasserstoff-Ions H^+ an die organische Molekel, die reagieren soll, bei der Basenkatalyse entsteht er durch die Abspaltung eines solchen Wasserstoffions.

Größere Schwierigkeiten hat dem Verständnis die heterogene Katalyse bereitet. Sie ist von hoher technischer Bedeutung, wie wir schon am Anfang dieses Kapitels betont haben. Wir haben auch bereits am Beispiel der Ammoniak-Synthese einen typischen Mechanismus einer solchen Katalyse kennengelernt (s. S. 59). Dort hat der Katalysator Eisen eine Zwischenverbindung mit dem Stickstoff — und vermutlich zugleich auch mit dem Wasserstoff — gebildet, und die Reaktion über diese Zwischenverbindungen geht eben schneller als die direkte Vereinigung von Stickstoff und Wasserstoff. Das Eisen wird schließlich wieder freigesetzt. Hier hat also der feste Katalysator Gase an seiner Oberfläche chemisch gebunden. Dasselbe ist der Fall bei den zahlreichen Reaktionen, wo Umsetzungen des Wasserstoffs durch Metalle wie Platin oder Nickel katalysiert werden; zunächst entsteht eine chemische Metall—Wasserstoff-Oberflächenverbindung, die dann erst auf andere Molekeln einwirkt, z. B. auf Fette bei der Margarineherstellung, auf Kohlenoxid bei der Benzinsynthese nach Fischer und Tropsch oder bei der Methanolsynthese. Die chemische Bindung, die zu

diesen Zwischenverbindungen des Gases mit dem Katalysator
führt, ist uns bereits als „Chemisorption" (s. S. 31) bekannt. Vor-
stufe einer heterogenen Katalyse ist also immer die Adsorption.

Nun sind diese katalytischen Wirkungen sehr spezifisch; was
man mit Eisen katalysieren kann, kann man nicht durch Nickel
beschleunigen, und was das Nickel kann, kann das Kupfer nicht.
Noch spezifischer sind die Katalysen im lebenden Organismus, von
denen wir vorher gesprochen haben; hier ist für jede einzelne
Reaktion eine ganz besondere Molekelart als Katalysator vorhanden. Es entsteht daher das allgemeine Problem, warum gerade
immer dieser Stoff jene Reaktion beschleunigt. Diese Frage ist
durchaus nicht immer geklärt, aber man kann sagen, daß im allgemeinen drei Voraussetzungen erfüllt sein müssen:

Die erste ist struktureller Natur: Bei der soeben erwähnten
Biokatalyse haben die Röntgenuntersuchungen ergeben, daß die
Katalysatoren große Eiweißmolekeln sind, die an bestimmten
Stellen aktive Gruppen von Atomen tragen, und daß diese aktiven
Gruppen am Rande von Höhlungen in der Molekel liegen, in die
die zu katalysierenden Molekeln gerade gut hineinpassen. Bei der
heterogenen Katalyse ist eine ähnliche Bedingung dadurch gegeben, daß der Katalysator eine große Oberfläche besitzen muß,
um viel Gas zu adsorbieren und dann rasch zu katalysieren. Die
nächste Bedingung ist eine solche der Feinstruktur; insbesondere
bei der heterogenen Katalyse zeigt es sich, daß die Atomabstände
in Kristallen der Festkörper, wie man sie mit Röntgenstrahlen
mißt, oft eine ganz bestimmte Beziehung zu den Atomabständen
der reagierenden Molekeln haben müssen. Die dritte Bedingung,
die am kritischsten ist, ist chemischer Natur: Bei der Biokatalyse
müssen die chemischen Eigenschaften von Katalysator und reagie-
rendem Stoff solche sein, daß eine leicht spaltbare Zwischenverbindung entstehen kann, und das ist eine Frage des chemischen
Charakters und der chemischen Bindung der beteiligten Atome.
Die chemischen Bindungen werden durch Elektronen besorgt, und
so sprechen wir hier von dem „elektronischen Faktor". Recht übersichtlich hat sich dieser bei der heterogenen Katalyse gezeigt; wir
kennen bestimmte Gruppen von Reaktionen, die einen Elektronen-
mangel im Katalysator erfordern, damit elektronenreiche Molekeln, wie Wasserstoff oder Kohlenoxid, an ihn gebunden werden

können, und wir kennen andere Gruppen von Reaktionen, die durch eine große Zahl von frei beweglichen Elektronen im Katalysator begünstigt werden, damit elektronenhungrige Molekeln, wie Sauerstoff, chemisorbiert werden können. Elektronenarm sind z. B. die Metalle der Platingruppe und bestimmte „löcherleitende" Halbleiter, elektronenreich sind Legierungen mit Metallen hoher Wertigkeit und die elektronenleitenden Halbleiter.

Ein besonderer Kunstgriff der Technik besteht noch darin, mehrere Festkörper zu einem „Mischkatalysator" zu vereinigen, wobei man die elektronischen Eigenschaften eines katalytisch wirksamen Materials durch solche der Unterlage beeinflussen kann.

20. Elektrolyse

Vielleicht hat sich mancher schon gefragt: Wie werden Teelöffel versilbert, wie wird Schmuck vergoldet, wie werden Stoßstangen verchromt und Blech verzinkt? Mancher weiß auch die Antwort: durch Elektrolyse, und das bedeutet: durch Zersetzung von Verbindungen des Silbers, Goldes, Chroms oder Zinns durch den elektrischen Strom. Wir wollen vermerken, daß das etwas von unseren bisherigen Überlegungen und Studien ganz abweichendes ist: Wir haben bisher immer von freiwilligen Vorgängen gesprochen, nämlich Gleichgewichten, chemischen oder physikalischen, die mit bestimmten Geschwindigkeiten oder durch bestimmte Katalysatoren erreicht wurden, aber immer freiwillig, d. h. nur nach Maßgabe der Temperatur und unter Abnahme der freien Energie, sei es durch Wärmeabgabe, sei es durch Entropie-Zunahme. Es war dabei nie die Rede davon, ein System etwa vom Gleichgewicht weg zu bewegen, etwa einen Druck des Wasserdampfes zu erzeugen, der höher als der Dampfdruck wäre, oder mehr Ammoniak zu erzeugen, als im Gleichgewicht vorhanden wäre, oder gar einen Sprengstoff nicht zu zersetzen, sondern entstehen zu lassen. Solche Vorgänge würden unter Aufnahme von freier Energie vor sich gehen, etwa wie wenn ein Stein bergauf rollen wollte. Aus dem Wärmehaushalt der Umgebung, d. h. der Bewegungsenergie der Molekeln, kann eine solche Energie nicht aufgenommen werden, denn das System war schon vor einem solchen erzwunge-

nen Vorgang im Gleichgewicht mit der Umgebung. Wohl aber ist
es möglich, unfreiwillige Vorgänge durch Zufuhr von *freier* Energie aus anderen Quellen zu erzwingen, ähnlich wie man einen
Stein mit Muskelkraft, aber nicht durch seine eigene Schwere
bergaufrollen lassen kann. Solche fremden Quellen sind entweder
die Arbeit des elektrischen Stromes (aus einer Batterie oder einem
Elektrizitätswerk) oder das Licht der Sonne oder einer ähnlichen
heißen Lichtquelle — Elektrochemie und Photochemie.

Wir wollen uns zunächst der Elektrolyse zuwenden. Wir stellen uns dazu (Abb. 12) eine Stromquelle, und zwar eine Gleich-
stromquelle vor, z. B. einen Akkumulator oder eine Taschenlampenbatterie *a* und verbinden ihre Pole mit zwei Blechen *b* und *c* und tauchen die beiden Bleche (über deren Material wir uns vorläufig keine Gedanken machen wollen) in eine wäßrige Lösung eines Salzes, z. B. Nickelchlorid, einer Verbindung des Metalles Nickel mit dem grünen giftigen Gas Chlor. Wir stellen dann an einem Ampèremeter *d* einen elektrischen Strom fest, der durch das ganze System fließt, und zwar fließt der Strom „negativer Elektrizität", also der Elektronenstrom, im äußeren Draht von *a* über *d* nach *c* und

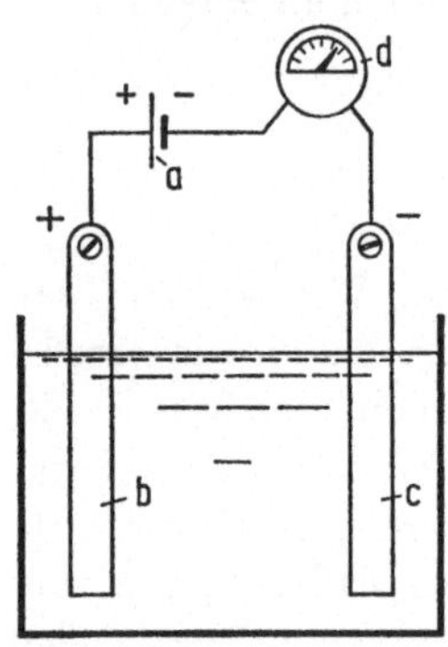

Abb. 12. Ein Elektrolysengefäß bzw. eine galvanische Zelle

von *b* zurück nach *a*. Wie kommt er aber von *c* nach *b*, also
durch die Lösung hindurch? Die in *c* ankommenden Elektronen
sind in derselben Lage wie ein Wanderer (s. Schillers Bürgschaft),
der über einen Strom muß. So wie dieser suchen sie sich ein
Schiff. Wir erinnern uns, daß wir seinerzeit bei der Betrachtung der Siedepunktserhöhung und Gefrierpunktserniedrigung
gefunden haben, daß die Salze in der Lösung in Ionen, positive und negative Teilchen, gespalten sind. So ist auch Nickelchlorid in positive Nickelionen und negative Chlorionen gespalten. Diese Ionen nun sind die Schiffe, auf denen die elektrische
Ladung über den Fluß, also von *c* nach *b* kommt. Nicht die Elektronen, die in *c* angekommen sind, fahren hinüber, sondern einfach die negativen Chlorionen, die ja negative Elektronenladung

70

tragen. Und, was auf dasselbe herauskommt, auch positive Nickelionen schwimmen in der entgegengesetzten Richtung von b nach c,
und die Summe beider Ströme ist gleich dem Elektronenstrom,
der von a über d nach c und von b zurück nach a strömt. Die
Nickelionen, die in c ankommen, verlieren dort ihre positive
Ladung, weil sie dort ja negative Elektronen vorfinden und werden elektrisch neutral, d. h. sie werden Nickelmetall, und das Ergebnis ist, daß das Blech c *vernickelt* wird. Die Chlorionen, die
in b ankommen, geben dort ihre negative Ladung ab, damit sie
weiter nach a fließen kann, und werden ebenfalls neutral, d. h.
sie werden zum freien Chlorgas. (In der Praxis verwendet man
andere Nickelsalze statt Chlorid, aus denen dann nicht Chlor,
sondern der harmlose Sauerstoff entweicht.) Es sei noch erwähnt,
daß man die Elektrode c die Kathode und die positiven Ionen,
die dort ankommen, die Kationen nennt, b dagegen die Anode
und die negativen Ionen die Anionen. (kata heißt im Griechischen
hinab, ana = hinauf, weil man früher einmal glaubte, die positive
Elektrizität flösse „stromabwärts", während in Wahrheit in Dräh-
ten die negative Elektrizität fließt.)

Daraus, daß die Ionen an der Elektrode gerade ihre ganze
Ladung abgeben, ergibt sich die einfache Beziehung, daß für eine
bestimmte Elektrizitätsmenge sowohl an der Kathode wie an der
Anode immer die gerade dazugehörige Menge chemischer Substanz
abgeschieden wird; für ein Elektron, das durch den Stromkreis
fließt, wird immer gerade ein Atom Chlor abgeschieden und an
der anderen Elektrode gerade ein halbes Atom Nickel (weil das
Nickelion zwei positive Ladungen besitzt) oder, in Äquivalenten
ausgedrückt: für 96 483 Ampère·Sek. (Coulomb) durchgeschickter
Elektrizitätsmenge wird von jedem Element ein Grammäqui-
valent abgeschieden (oder aufgelöst, wenn b eine unedle Elektrode
ist). Dieses Gesetz heißt nach seinem Entdecker das Faraday'sche
Gesetz.

Die Summe der Elektrizitätsmengen nun, die von den Kationen
und den Anionen zusammen in der Sekunde durch die Lösung
transportiert werden, wenn die Spannung 1 Volt je cm Abstand der
Elektroden beträgt, nennt man die Leitfähigkeit des Elektrolyten.

Wenn wir diese noch durch die Konzentration dividieren, erhalten wir die Leitfähigkeit von 1 Mol (genauer 1 Äquivalent)

des gelösten Salzes. Man sollte nun meinen, daß diese für jedes Salz eine feststehende Größe wäre, weil seine Ionen sich mit bestimmter Geschwindigkeit bewegen. Das ist auch bei sehr vielen Stoffen der Fall, nämlich bei allen starken Säuren (Schwefelsäure, Salpetersäure, Salzsäure usw.), starken Laugen (Natronlauge oder Seifensiederlauge und dergleichen) und bei allen Salzen. Ein wenig allerdings fällt die Äquivalentleitfähigkeit bei steigender Konzentration ab, weil die positiven und die negativen Ionen sich gegenseitig anziehen und dadurch in ihrer Bewegung um so mehr behindern, je zahlreicher sie sind. Wir nennen diese Stoffe *die starken Elektrolyte.*

Ihnen steht aber eine andere Gruppe von gelösten Stoffen gegenüber, bei denen die Äquivalentleitfähigkeit sich ganz außerordentlich stark verkleinert, wenn die Konzentration steigt, so stark, daß es nicht bloß von der gegenseitigen Behinderung der Ionen kommen kann. Und wenn wir hier die Gefrierpunktserniedrigung messen, beobachten wir, daß diese Stoffe fast gar nicht dissoziiert sind, sondern das normale volle Molekulargewicht zeigen. Das Massenwirkungsgesetz verlangt nun, daß beim Verdünnen die Dissoziation zunimmt und erst bei unendlicher Verdünnung vollständig wird. Daher kommt die große Veränderung der Äquivalentleitfähigkeit; also nicht daher, daß die Ionen sich stören, sondern einfach daher, daß nur wenige da sind und diese wenigen bei höheren Konzentrationen immer weniger werden. Diese Stoffe sind insbesondere die organischen Säuren und Basen, aber auch einige anorganische, wie das Ammoniak und die Kohlensäure, die Phosphorsäure, die Blausäure. Diese *schwachen* Säuren zerfallen nur zum geringen Teil, und zwar in ein Anion und ein Wasserstoffion.

Es ist nun besonders interessant, daß auch das Wasser selbst ein schwacher Elektrolyt ist. Ganz reines Wasser leitet den elektrischen Strom ebenfalls, wenn auch einmilliardemal weniger als die starken Elektrolyte. Wenn man seine Leitfähigkeit mißt und entsprechend auswertet, kommt heraus, daß ungefähr jede hundertmillionste Molekel in die Ionen gespalten ist, und zwar Wasserstoff-Kationen und negative „Hydroxyl"-Ionen. Da wegen dieser ganz geringen Dissoziation die Konzentration der ungespaltenen Wassermolekeln konstant ist, verlangt das Massenwirkungsgesetz, daß, ebenso wie beim Löslichkeitsprodukt (s. S. 46), das Produkt aus den Konzentrationen der Kationen und der Anionen eine Konstante ist. Diese beträgt bei Zimmertemperatur 10^{-14} (0,000 000 000 000 001), und im Wasser, wo beide Konzentrationen einander gleich sind, ist die Wasserstoffionenkonzentration die Quadratwurzel daraus, also 10^{-7} Mol/l, ein zehnmillionstel Gramm Ionen in 1000 Gramm Wasser. Übrigens schreibt man nicht gern diese komplizierten Zehnerpotenzen, sondern begnügt sich mit der hochgestellten Zahl, also der Zahl der Nullen. Im reinen Wasser beträgt diese Zahl 7, und wir sagen dann: Wasser hat einen P_H von 7 (das bedeutet Wasserstoffstärke, power of hydrogen). Je saurer eine Säurelösung ist, desto kleiner wird diese Zahl, in normaler Salzsäure (1 Mol je l) ist sie sogar 0. Dieser P_H-Wert spielt eine große Rolle in der Biologie; in jeder Zelle eines Organismus haben wir denjenigen P_H-Wert, der die beste Wirksamkeit der Enzyme gewährleistet; im Speichel ungefähr 8, im Magen ungefähr 2.

21. Galvanische Elemente

Wir haben uns bei unserem Elektrolyseversuch bisher nur mit den Vorgängen in der Lösung beschäftigt, nämlich mit den Tatsachen, daß in der Lösung Ionen vorhanden sind und daß diese wandern und Elektrizität transportieren. Betrachten wir jetzt die Vorgänge an den beiden Elektroden einmal näher! Dort geben die Ionen Ladung ab, es geschehen also chemische Vorgänge: aus Nickelionen wird Nickelmetall, aus Chlorionen wird Chlorgas. Im ganzen wird also aus Nickelchlorid Nickel und Chlor. Das ist aber ein unfreiwilliger und erzwungener Vorgang, eine Entfernung vom Gleichgewicht, und damit ist er mit der Aufnahme von freier Energie F verbunden. Also muß bei der Elektrolyse diese freie Energie zugeführt werden, im Sinne unserer früheren Ausführungen (s. S. 70). Woran merken wir das? Nun daran, daß wir zwischen den Elektroden mindestens eine gewisse Spannung in Volt anlegen müssen, damit überhaupt Stromdurchgang und Elektrolyse eintritt. Außer dem Widerstand der Lösung, der von der begrenzten Geschwindigkeit und Leitfähigkeit der Ionen herrührt, gibt es also auch noch einen „Widerstand" der Elektrodenoberfläche, der unendlich groß ist, solange wir nicht die „Zersetzungsspannung" erreicht haben, und dann verschwindet. Er rührt von der durch die chemischen Prozesse verzehrten freien Energie her. Wir drücken ihn besser so aus, daß wir sagen: Zwischen den Elektroden stellt sich eine Gegenspannung, die „Polarisationsspannung" ein, und wir müssen diese durch unsere angelegte äußere Spannung mindestens überwinden, um Elektrolyse zu erzwingen. In unserem Fall beträgt sie 1,6 Volt.

Die Existenz dieser Gegenspannung kann man leicht beweisen, indem man den Versuch umkehrt. Bei der Elektrolyse ist ja c zu einer Nickelelektrode und b zu einer chlorumspülten Chlorelektrode geworden. Wenn wir nun von vornherein eine Nickelelektrode einer solchen Chlorelektrode gegenüberstellen und die Stromquelle a weglassen, müssen wir dann bei d einen Strom in umgekehrter Richtung messen als früher, weil jetzt allein die Gegenspannung von 1,6 Volt wirksam ist. Das ist in der Tat der Fall, und zwar ist wieder c der negative Pol, denn dort spaltet sich Nickel in Nickelionen, die in die Lösung wandern und Elektronen, die in den Draht $c\,d$ wandern in umgekehrter Richtung als früher, und die Chlorelektrode wird der positive Pol, denn dort nimmt das Chlorgas Elektronen aus dem Draht $a\,b$ auf und wird zu Chlorionen, die in die Lösung wandern, die so an Nickelchlorid angereichert wird. Durch die chemische Bildung von Nickelchlorid haben wir so die freie Energie F dieses Prozesses als elektrische Arbeit (Elektrizitätsmenge mal Spannung oder Strom mal Spannung mal Zeit) gewonnen. Unsere Elektrolysequelle ist jetzt das geworden, was wir ein *galvanisches Element* nennen.

Man kann nach diesem Prinzip Elemente in der verschiedensten Art zusammenstellen; es genügt dazu, zwei *verschiedene* Elektroden in eine Lösung ihrer eigenen Ionen zu stecken, und es wird sich eine elektrische Spannung zwischen ihnen auf Grund einer chemischen Reaktion entwickeln. Ein gutes Beispiel ist das „Daniell-Element", das früher in Hausklingelanlagen viel verwendet wurde: b sei ein Kupferblech, c ein Zinkblech; jetzt geht Zink als Zinkion in die Lösung und entsendet Elektronen in den Draht $c\,d$, während Kupferionen in b ankommen, Elektronen aus dem Draht $a\,b$ aufnehmen und sich als Kupfermetall abscheiden. Insgesamt hat also das Zink Elektronen an das Kupfer abgegeben, und dabei ist freie Energie entstanden. (Der Chemiker hätte gesagt: Das Zink hat die Kupferionen reduziert.)

Stets geht in solchen Elementen das unedlere Metall in Lösung, das edlere wird abgeschieden. Natürlich gilt auch für diese stromerzeugenden Vorgänge das Faraday'sche Gesetz. Ersichtlich kann man jetzt alle Metalle — und auch Nichtmetalle, wie unser Chlor — in eine Reihe einordnen, je nachdem, ob sie den nachfolgenden oder den vorhergehenden Elektronen liefern oder entziehen. Diese „Spannungsreihe" lautet in großen Zügen wie folgt:

+ Fluor — Gold — Chlor — Braunstein — Platin — Brom — Quecksilber — Silber — Chinhydron — Jod — Kupfer — Wasserstoff — Eisen — Blei — Zinn — Nickel — Cadmium — Chrom — Zink — Aluminium — Magnesium — Natrium — Calcium — Lithium —

Die linksstehenden Elektroden sind immer der positive Pol gegenüber den rechtsstehenden. In der Mitte steht der Wasserstoff, d. h. eine platinierte Platinelektrode, die von Wasserstoff umspült ist und in eine Säure (Lösung von Wasserstoffionen) taucht. Das Platin wirkt als Katalysator für den Elektronenübergang vom Wasserstoff in den Draht unter Bildung von Wasserstoffionen. Dieser „Wasserstoffelektrode" schreibt man willkürlich das Potential $\pm$ 0 Volt zu und bezieht alle die übrigen „Normalpotentiale" auf diesen Punkt, weil man ja immer nur Potentialdifferenzen experimentell messen kann.

Nun ist aber das Potential von der Konzentration der in den Lösungen um die zwei Elektroden herum anwesenden Ionen des Elektrodenmaterials abhängig. Deshalb der Ausdruck „Normalpotential"; die angegebene Reihenfolge bezieht sich nämlich nur auf 1-normale Lösungen (1 Äquivalent im Liter). Wenn die Konzentration geringer wird, dann werden die Kationen bildenden Elektroden unedler; alle Metalle verschieben ihr Potential immer um 58 Millivolt nach der negativen Seite, wenn die Lösung auf das Zehnfache verdünnt wird. Man kann sich das leicht merken, weil die Metalle um so williger in Lösung gehen, je weniger ihrer Ionen sich bereits in der Lösung vorfinden. Der Grund ist natürlich der, daß die freie Energie F und daher auch das Potential ein Entropieglied TS enthält, und wir haben ja schon gesehen, daß diese Entropie mit der Verdünnung zunimmt (s. S. 38). Die Gleichung, die den Zusammenhang von Potential und Konzentration beschreibt, heißt nach ihrem Entdecker, einem genialen Physiko-Chemiker, die Nernst'sche Gleichung.

Alle Metalle, die in unserer Reihe rechts vom Wasserstoff stehen, also Eisen, Blei, Zinn, Nickel, Zink usw. müssen gegenüber Wasserstoff den negativen Pol eines Elementes bilden, also in Lösung gehen und an der Gegenelektrode Wasserstoff abscheiden. Sie lösen sich also in 1-normalen Säuren, weil die Wasserstoffionenkonzentration gleich 1, der P_H-Wert also 0 ist. Im reinen Wasser, wo die Wasserstoffionenkonzentration nur 10^{-7} ist, $P_H = 7$, lösen sich nur noch die Metalle, die um 7 mal 58 Millivolt $=$ 0,4 Volt unedler sind, also im wesentlichen Aluminium, Magnesium und die Alkalimetalle. Daß man trotzdem in Flugzeugen aus Aluminium im Regen fliegen und in Aluminiumgeschirr kochen kann, liegt nur an einer Reaktionshemmung durch eine Oxidschicht (Passivität).

Für den Chemiker sind die Stoffe rechts vom Wasserstoff Reduktionsmittel, die links davon Oxydationsmittel. Alle in der Praxis benutzten galvanischen Elemente sind Kombinationen von reduzierenden Elektroden — meist Eisen, Zink oder Cadmium — mit oxydierenden, wie Braunstein, Bleidioxid. Das Trockenelement, das die Trockenbatterien unserer Taschenlampen bildet, setzt sich aus dem negativen Zink und dem positiven Braunstein zusammen, der Bleiakkumulator unserer Startbatterien aus dem negativen Blei und dem positiven Bleidioxid, die Kleinbatterien in Transistorradios und Hörgeräten aus dem negativen Cadmium und dem positiven Silber.

Es ist wichtig, sich klarzumachen, daß alle diese Stromerzeugungsgeräte unrationell sind. Mit Ausnahme des Bleiakkumulators, wo man das Blei durch Wiederaufladen unter Stromumkehr wieder zurückgewinnen kann, benutzen sie alle unedle Metalle, die oxydiert werden, als „Brennstoff" und damit als Energiequelle. Zink, Eisen, Blei, Cadmium müssen alle aus ihren Erzen durch Kohlereduktion gewonnen werden und sind deshalb viel teurer — und auch seltener — als die Kohle. Es ist deshalb rationeller, aus der Kohle durch direkte Verbrennung Dampfkraft in Turbinen zu machen und mit diesen Dynamomaschinen zu treiben (von der Wasserkraft sei in diesem Zusammenhang einmal abgesehen). Allerdings haben wir ja schon gesehen, daß wir bei diesem Umweg über die Verbrennungswärme diese in Arbeit verwandeln müssen und daß wir dabei nur einen mäßigen Nutzeffekt erreichen können (bestenfalls 45%). Noch rationeller aber wäre es, aus der Kohle nicht die Verbrennungswärme, sondern unmittelbar in einer reversiblen elektrochemischen Reaktion die freie Energie F als Elektrizität zu gewinnen. Man würde dazu als negativen Pol eine Kohleelektrode, als positiven Pol eine Sauerstoff-Elektrode brauchen. Dasselbe wäre zweckmäßig mit Heizöl oder Benzin als negativem Pol. An dieser „Brennstoffkette" wird allenthalben fleißig gearbeitet; eine wirtschaftlich rationelle Ausnutzung ist noch nicht gelungen; wohl aber werden solche Zellen zur Energieversorgung von Satelliten verwendet. Die Schwierigkeit liegt wieder in der „Passivität" (s. S. 76), d. h. darin, daß die gewünschten elektrochemischen Vorgänge nicht ungehemmt ablaufen und daher nicht reversibel gestaltet werden können; für die Elektrolyse braucht man in solchen Fällen eine „Überspannung", bei der Stromerzeugung aber ergibt sich eine „Unterspannung", die die Vorteile wieder zunichte macht.

22. Photochemie

Ähnlich wie durch den elektrischen Strom kann man, wie schon erwähnt, ein reaktionsfähiges System von seinem Gleichgewichtszustand auch durch Einstrahlung von Licht entfernen. Jede durch Wärme getriebene Lichtquelle, die heißer ist als das System, also die Sonne oder eine Glühlampe, aber auch jede Lichtquelle, die durch Zufuhr von Elektrizität getrieben wird, also eine Bogenlampe oder eine Glimmlampe oder Entladungsröhre ist fähig, freie Energie F als Strahlung an das System abzugeben. Wir müssen hier an zwei Sachverhalte erinnern, die in anderen Bänden dieser Sammlung von E. Rüchardt behandelt worden sind. Einmal, daß das Licht, das sich in der Wechselwirkung mit sich selbst (Beugung und Interferenz) wie eine Welle elektromagnetischer Schwingungen verhält, in seiner Wechselwirkung mit der Materie (Brechung,

Streuung, Absorption und Emission) sich so verhält, als ob es aus einzelnen Energiepaketen oder Quanten zusammengesetzt wäre. Für diese gilt die uns schon aus der Theorie der Molwärmen der Kristalle bekannte Gleichung, daß ihre Energie

$$E = h \cdot \nu,$$

wo ν die Frequenz ist, die das Licht als Welle besitzt. Zum zweiten müssen wir daran erinnern, daß — wir haben davon schon Gebrauch gemacht, insbesondere in den elektrochemischen Kapiteln — die Atome und Molekeln aus schweren positiv geladenen Kernen und den um diese herum in Schalen oder Wolken sich gruppierenden negativen Elektronen zusammengesetzt sind. Die wichtigste Wechselwirkung des Lichts mit der Materie ist die Absorption. Sie besteht darin, daß ein Lichtquant von einem Atom oder einer Molekel aufgenommen wird und daß die damit vom Atom gewonnene freie Energie dazu benutzt wird, ein Elektron in dem Atom oder der Molekel aus seinem Zustand in einen anderen, gewöhnlich kernferneren, jedenfalls aber energiereicheren Zustand zu bringen, zu „heben" oder auch ganz aus dem Atom (Molekel) herauszureißen. Dabei entsteht entweder ein „angeregtes" Atom oder eine ebensolche Molekel oder im zweiten Falle ein geladenes Ion. Diese Produkte sind nun ihres Energieinhaltes wegen zu Reaktionen fähig, die ein nicht angeregtes Teilchen mangels Aktivierungsenergie nicht auszuführen vermag. Das ist Photochemie. Es ergeben sich sofort logischerweise zwei Grundgesetze:

Zunächst ist klar, daß nur absorbierbares Licht photochemisch wirksam sein kann. Farblose Stoffe können nicht durch sichtbares Licht angeregt werden, höchstens durch das für uns unsichtbare (für die Bienen aber sichtbare) ultraviolette Licht, das rasche Schwingungen und große Quanten besitzt. Zweitens muß ein Gesetz gelten, das dem Faraday'schen Gesetz der Elektrolyse an die Seite gestellt werden kann: Je absorbierbares Lichtquant wird immer ein molekularer Umsatz erzeugt (Einstein'sches Äquivalentgesetz). Allerdings ist dieses Gesetz nicht von der gleichen Strenge; es kann ja nur für den primären Effekt des Lichtes gelten, und wir haben schon gesehen, daß die meisten chemischen Umsetzungen von zusammengesetzter Natur sind, und so können auf den

Primärprozeß sekundäre Prozesse folgen, die die „Quantenausbeute" (Zahl der ungesetzten Molekeln je absorbiertes Lichtquant) sowohl größer wie auch kleiner als 1 werden lassen.

Wir wollen dies an Beispielen erläutern. Und zwar wollen wir zwei Fälle unterscheiden: Reaktionen, die unter Entfernung vom Gleichgewicht verlaufen, die also durch das Licht erzwungen werden, und zweitens die Möglichkeit, daß eine Reaktion zwar freiwillig verlaufen könnte, dies aber mangels Aktivierungsenergie nicht tut und wo dann das Licht diese fehlende Aktivierungsenergie beisteuert. Das Licht wirkt hier wie der Katalysator bei einer freiwilligen Umsetzung.

Zu dem ersten Typus gehört eine sehr wichtige Reaktion, der alles Leben auf Erden seine Existenz verdankt: die Erzeugung organischer Substanz durch das Sonnenlicht in der grünen Pflanze. Traubenzucker, das Produkt dieser Reaktion, ist eine instabile Substanz unter atmosphärischen Bedingungen, und das Gleichgewicht seiner Verbrennung zu Kohlendioxid und Wasser liegt ganz auf der Seite dieser Produkte. Wenn also aus dem Kohlendioxid der Luft und der Feuchtigkeit des Bodens durch die Pflanze Traubenzucker gebildet werden soll unter Freiwerden von Sauerstoff, so ist das ein erzwungener Vorgang, für den Energie nötig ist. Diese Energie wird durch das Blattgrün, Chlorophyll benannt, aus dem Sonnenlicht absorbiert. Nun braucht 1 Molekel Kohlendioxid, um reduziert zu werden, 3- bis 4mal soviel freie Energie, wie in einem Quantum sichtbaren Lichtes enthalten ist. Und so ist es unmöglich, hier das Einstein'sche Postulat zu erfüllen. In der Tat sind drei bis 100 Lichtquanten erforderlich (je nach dem physiologischen Zustand der Pflanze), um aus einer Molekel Kohlendioxid eine Molekel Sauerstoff abzuspalten. Wie aber diese vielen Lichtquanten, die ja nacheinander und an verschiedenen Orten des Blattes absorbiert worden sind, auf einen solchen Elementarvorgang konzentriert werden, durch Energiewanderung in „Chloroplasten" oder durch komplizierte Folgereaktionen oder durch beides, das ist ein gemeinsames Problem der Physiko-Chemiker und der Biochemiker, das noch nicht vollständig gelöst ist. Jedenfalls absorbiert das Chlorophyll zunächst das Licht, das vom farblosen Kohlendioxid und Wasser nicht absorbiert werden könnte, und gibt die Energie über Zwischenstufen an diese Stoffe weiter.

Solche Wirkungen bezeichnen wir als „Sensibilisation", empfindlich machen durch einen Zusatz.

Ein anderer erzwungener photochemischer Prozeß, der uns allen viel Freude macht, aber auch von großer technischer und wissenschaftlicher Bedeutung ist, ist die Photographie. In der lichtempfindlichen Schicht eines photographischen Films sind kleinste Körnchen, also Kriställchen von Silberbromid eingelagert. Diese bilden ein Ionengitter (Abb. 4), enthalten also positive Silberionen und negative Bromionen. Wenn nun Licht absorbiert wird, wird aus einem Bromion ein Elektron losgerissen. Es bleibt ein neutrales Bromatom zurück, das durch die Gelatine oder durch Zusätze in chemischen Dunkelreaktionen beseitigt wird. Das Elektron ist kein freies Elektron, sondern es ist im Kristallgitter gefangen und irrt darin von Silberion zu Silberion umher, bis es an einer zufällig besonders stark positiven Störstelle des Kristalls festgehalten wird und sich an ein dortiges Silberion unter Bildung eines neutralen Silberatoms anlagert. Weitere Elektronen, durch neuerdings absorbierte Lichtquanten erzeugt, kommen hinzu, alle aus demselben Korn stammend, und so entsteht im belichteten Korn schließlich ein winziger Silberkristall, aus 4—10 Atomen bestehend. Der ist natürlich unsichtbar, daher sprechen wir von einem „latenten Bild". Es ist nach dem geschilderten Vorgang natürlich, daß die Quantenausbeute bei seiner Entstehung gerade 1 ist. Damit ist die Photochemie eigentlich zu Ende, und was weiter folgt, ist gewöhnliche Chemie: Um aus dem latenten ein sichtbares Bild zu machen, muß die Silbermenge erhöht werden, und das geschieht auf Kosten des großen Überschusses unzersetzten Silberbromids im Korn. Jedes Reduktionsmittel, das in der Spannungsreihe (s. S. 75) ein negativeres Potential hat als das Silber im Korn, muß imstande sein, die Silberionen des Korns zu Silber zu reduzieren. Solche Stoffe werden als Entwickler verwendet. Das Witzige ist nun, daß das Silberkriställchen des latenten Bildes ein Katalysator für diese Reduktion ist, die deshalb nur in belichteten Körnern vor sich gehen kann. Das latente Bild ist also ein „Entwicklungskeim". Wenn das ganze Korn so in Silber verwandelt ist, haben wir ein sichtbares Bild, das aus den belichteten Körnern besteht. Die Aufgabe, die unbelichteten Körner zu entfernen, damit das Bild nicht schließlich ganz schwarz wird, wird einfach durch ein chemisches Lösungsmittel für Silberbromid, das Fixiersalz, besorgt.

Das gelbliche Bromsilber absorbiert nur seine Komplementärfarbe, also Blau und Blaugrün, und nur diese Farben können den Film schwärzen. Um nun auch mit anderen Farben einen Effekt zu erhalten, so daß also rote Lippen, rote Blumen und Orangen auch photographiert werden können, müssen wir den Bereich absorbierbaren Lichtes erweitern. Wie die grüne Pflanze erreichen wir das durch „Sensibilisatoren", die rotes Licht zu absorbieren vermögen und weiter durch ihre enge Bindung an die Oberfläche der Silberbromidkörner in der Lage sind, die absorbierte Energie auf das Silberbromid zu übertragen und dort die Ablösung eines Elektrons aus dem Bromidion zu bewirken. Es sind dies organische Farbstoffe von besonderer Konstitution. Orthochromatische und panchromatische Filme beruhen auf dieser Erscheinung, ebenso, nur in komplizierterer Weise, auch die Farbfilme.

Wir wenden uns nun den Vorgängen zu, bei denen das Licht nur auslösend wirkt, also nicht freie Reaktionsenergie, sondern nur Aktivierungsenergie beisteuert. Wir haben schon erfahren, daß freiwillig verlaufende Reaktionen in Kettenreaktionen ausarten können, und wir haben schon erwähnt, daß man diese gerade durch Belichten starten kann. In dem dort behandelten Beispiel des Chlorknallgases ist dieser Vorgang sehr intensiv studiert worden und genau bekannt. Wenn die grüne Chlorgasmolekel sichtbares (blaues oder violettes) Licht absorbiert, entsteht zunächst eine angeregte Molekel mit einem Bindungselektron in einem energiereichen Zustand. Die darin gespeicherte Energie ist ausreichend, um eine gewöhnliche Molekel zu spalten, und in der Tat, wenn die angeregte Molekel irgendeine andere trifft, zerfällt sie in zwei nichtangeregte Atome. Damit sind aber Chloratome vorhanden, und die ganze Kettenreaktion, die wir seinerzeit diskutiert haben, läuft jetzt ab. Die Quantenausbeute beträgt dabei natürlich 1 in bezug auf die primär gespaltene Chlormolekel, aber bis zu 1 Million in bezug auf den insgesamt gebildeten Chlorwasserstoff.

Solche freiwilligen durch das Licht angestoßenen Kettenreaktionen treffen wir bei recht verschiedenen Prozessen. Das Verderben von Gummiwaren und Lebensmitteln im Licht, das Ausblei-

81

chen schlechter Farbstoffe, die Synthese gewisser Insektenvertil-
gungsmittel sind von dieser Natur. Auch der Sehvorgang im Auge
scheint eine solche lichtkatalysierte Reaktion zu sein. In der Netz-
haut befindet sich ein lichtempfindlicher Stoff, das Rhodopsin, das
durch Lichtabsorption dazu angeregt wird, freiwillig in eine andere Molekelgestalt überzugehen. Das geht sehr rasch, und deshalb
empfinden wir Lichtreize augenblicklich. Die Rückumwandlung in
den lichtempfindlichen Zustand ist aber eine erzwungene Reaktion, die erst durch Energiezufuhr im Dunkeln, und zwar Energie
aus der Atmung der Zelle, also Verbrennungsenergie von Traubenzucker, ermöglicht wird. Sie ist relativ langsam, und deshalb
ist das überbelichtete Auge geblendet und sieht Nachbilder.

23. Spektroskopie

Die oben beschriebene Wechselwirkung zwischen Licht und
Materie hat indes noch eine andere Bedeutung für die physikalische
Chemie, nämlich für die Untersuchung der chemischen Natur sowohl wie der Struktur von Atomen und Molekeln. Wir wollen
hier nur ganz kurz die Anwendung der verschiedenen Frequenzen
bzw. Wellenlängen des Lichtes für diese Zwecke zusammenstellen.

γ-Strahlen

Die kurzwelligsten, höchst-frequenten Lichtstrahlen sind die
beim Zerfall der radioaktiven Elemente auftretenden γ-Strahlen
mit Frequenzen von mehr als 10^{16} Schwingungen pro Sekunde.
Da man durch Neutronen-Bestrahlung aus sehr vielen Elementen
radioaktive Isotope machen kann, kann man an dieser Strahlung
die Anwesenheit des Mutterelementes erkennen und so bei chemischen Reaktionen das Schicksal gewisser Elemente verfolgen.

Röntgenstrahlen

Über ihre Natur (Frequenzen um 10^{16}) haben wir schon gesprochen. Sie werden von Atomen ausgesandt, denen man durch
Bestrahlung oder Elektronenbeschuß ein Elektron aus einer inneren, energieärmeren Schale genommen hat, worauf ein Elektron
aus einer äußeren, energiereicheren Schale nach innen nachstürzt

und dabei den Energieunterschied aussendet. Aus dem Spektrum der dabei auftretenden Strahlung kann man die Natur des betreffenden Elementes erkennen (Röntgenfluoreszenzanalyse), aber auch etwas über die Bindungsart erfahren, weil das nachstürzende Elektron oft aus einem Zustand kommt, der mit der Bindung zusammenhängt.

Ultraviolette Strahlen

Ihre Frequenzen liegen um 10^{15}. Ihre Bedeutung für den Chemiker ist die, daß Elektronen, die an chemischen Bindungen beteiligt sind, bei Übergang in höhere (energiereichere) Zustände diese Strahlen absorbieren und so im Absorptionsspektrum der Molekeln die Anwesenheit bestimmter Bindungen, z. B. Doppelbindungen, verraten.

Sichtbare Strahlen

Sie haben Frequenzen zwischen 10^{15} und 10^{14}. Sie werden von den meisten Atomen beim Erhitzen oder elektrischer Anregung ausgesandt in Form starker Linien, aus denen man die Anwesenheit fast aller Elemente mit Sicherheit erkennen kann (Spektralanalyse). Sogar die Zusammensetzung der Sonnenatmosphäre und der Sterne ist uns aus dieser Quelle bekannt.

Ultrarote Strahlen

Sie haben Frequenzen um 10^{14}—10^{13}. Das ist die Frequenz, mit der die Atome in Molekeln gegeneinander schwingen. Man erinnere sich dabei an die Theorie der Molwärmen (s. S. 21). Die Frequenz der von bestimmten Molekeln ausgesandten ultraroten Strahlen verrät uns die Kraft, mit der die schwingenden Atome zusammengehalten werden. Dieselben Frequenzen beobachten wir aber auch, und oft bequemer, als Frequenzverschiebung sichtbaren Lichtes bei der Streuung (Raman-Effekt) und auch bei der Absorption, wenn zugleich mit dem Elektronensprung eine Änderung der Schwingung auftritt (Bandenspektroskopie).

Langwellige ultrarote Strahlen

Sie zeigen die Umlaufzahl der Rotation der Molekeln an (um 10^{12}) und treten entweder als selbständiges Spektrum oder als Rotations-Raman-Effekt oder als Rotationsfeinstruktur der

Schwingungsspektren auf. Sie geben uns Auskunft über die Abstände der Atome voneinander in den Molekeln.

Mikrowellen

Die Frequenzen liegen um 10^{10}, die Wellenlängen um 1 mm. Diese Strahlen werden absorbiert, wenn freie Elektronen in Radikalen sich in einem Magnetfeld einstellen. Diese Absorptionssignale sind ein Beweis für die Anwesenheit und ein Maß für die Konzentration und Lebensdauer solcher Radikale (Elektronenspinresonanz). Mikrowellen werden aber auch absorbiert, wenn Molekeln, die aus schweren Atomen bestehen, durch Lichtabsorption ihre Rotation vergrößern. In diesem Falle geben sie ebenfalls Auskunft über Atomabstände.

Radiowellen

Ihre Frequenzen sind geringer als 10^9, ihre Wellenlängen reichen bis zu km. Diese Wellen entsprechen den Mikrowellen, sie sprechen aber wegen deren kleiner magnetischer Momente auf Atomkerne an und geben daher Auskunft über die Nachbarschaft der Atomkerne in den Molekeln, also über die Konstitution von Molekeln (Kernspinresonanz, Nuclear Magnetic Resonance).

Stoffregister

Da in diesem Buch der Versuch gemacht wurde, die physikalische Chemie auf Grund eines Minimums von chemischer Stoffkenntnis verständlich zu machen, dürfte es zweckmäßig sein, über die Eigenschaften der im Text genannten Verbindungen in alphabetischer Reihenfolge einige allgemeine Angaben zu machen.

Ammoniak NH_3, farbloses stechend riechendes Gas, löst sich im Wasser und macht es schwach basisch. Grundlage der Stickstoffdünger, daher aus Stickstoff und Wasserstoff synthetisch gewonnen.

Apatit $Ca_5(PO_4)_3(OH, F)$, natürliches Phosphat, kommt als Mineral, in den Zähnen und Knochen vor.

Argon	Ar, einatomiges Edelgas.
Asbest	$Mg_6(Si_4O_{11})(OH)_6 \cdot H_2O$ oder ähnlich. Magnesiumsilicat mit Faserstruktur.
Benzol	C_6H_6, ringförmige Molekel, wird aus Steinkohle und Erdöl gewonnen, farblose Flüssigkeit, Ausgangsstoff für organische Verbindungen, Treibstoff.
Blausäure	HCN, sehr schwache, aber äußerst giftige Säure, farbloses Gas, wasserlöslich.
Bleitetraäthyl	$Pb(C_2H_5)_4$, giftige flüchtige Flüssigkeit, wird dem Motorbenzin als Antiklopfmittel zugesetzt.
Bor	Leichtes, festes Nichtmetall, schwarzgrau, chemischer Bestandteil im Borax.
Cadmium	Zinkähnliches weißes Metall, unedel.
Calcium	Weißliches, leicht oxydierbares Metall.
Cellulose	Makromolekel aus Traubenzuckermolekeln, schwerer spaltbar als Stärke (s. d.), Baustein der pflanzlichen Zellwände.
Chinhydron	Verbindung von Hydrochinon $C_6H_6O_2$ und Chinon $C_6H_4O_2$, umkehrbares Oxydations- und Reduktionsmittel für Elektroden.
Chlorophyll	Organische Komplexverbindung mit einem zentralen Magnesiumatom, grün, Sensibilisator der Kohlensäure-Assimilation, kommt nur in grünen Pflanzen vor.
Chlor-wasserstoff	HCl, farbloses, stechend riechendes Gas, löst sich in Wasser zu Salzsäure. Entsteht z. B. aus Wasserstoff und Chlor im Licht.
Desoxyribo-nucleinsäure	DNS oder DNA abgekürzt, Makromolekel aus einer Zuckerart, Phosphorsäure und organischen Basen. Bestandteil der Zellkerne, Träger der Erbmasse.

Diamant	Kubische Modifikation des Kohlenstoffs, natürlich und künstlich, wird zu Brillanten oder zu Schleifwerkzeugen verarbeitet.
Edelgase	Helium, Neon, Argon, Krypton, Xenon, s. d.
Eiweiß	Makromolekeln aus stickstoffhaltigen organischen Säuren.
Fettsäuren	$C_nH_{2n+1}COOH$ mit Glycerin zusammen Bestandteil der Fette. Übelriechende Flüssigkeiten.
Fixiersalz	$Na_2S_2O_3$, Natriumthiosulphat, farbloses Salz, wasserlöslich, löst Silberbromid (s. d.) unter Komplexbildung auf.
Germanium	Festes, graues Halbmetall, wird zu elektrischen Schaltelementen verarbeitet.
Gichtgas	Abgas des Hochofens, Kohlenoxid, Kohlendioxid und Stickstoff enthaltend.
Glimmer	$KAl_2(ALSi_3O_{10})$ Silikat mit Blattstruktur, Mineral und Isoliermittel.
Glycerin	$C_3H_8O_3$, dreiwertiger organischer Alkohol, Bestandteil der Fette, ölige Flüssigkeit, wasserlöslich.
Graphit	Hexagonale Modifikation des Kohlenstoffs, Mineral, wird zu Bleistiften und Elektroden verarbeitet.
Helium	He, einatomiges Edelgas.
Hydroxyl	OH, als neutrale Gruppe in organischen Alkoholen, als Anion OH^- in Basen, als Radikal $OH^.$ in Verbrennungsprozessen.
Jod	J_2, festes violettes aggressives Element, Oxydationsmittel.
Kaliumchlorid	KCl, farbloses natürliches Salz, dem Kochsalz ähnlich, stark in Lösung in Ionen dissoziiert.

Kalkstein	$CaCO_3$, sehr verbreitetes gebirgsbildendes Gestein, weiß, zersetzt sich beim Erhitzen unter Abgabe von Kohlendioxid (s. d.).
Kohlendioxid	CO_2, farbloses Gas, entsteht durch Verbrennung von Kohle oder von Kohlenoxid (s. d.), beim Kalkbrennen, bei der Gärung des Biers, bei der Atmung. Wird durch die grüne Pflanze zu Stärke (s. d.) assimiliert.
Krypton	Kr, einatomiges Edelgas.
Lithium	Sehr unedles, natriumähnliches Metall, reagiert mit Wasser unter Wasserstoffentwicklung.
Methanol	CH_3OH, der einfachste organische Alkohol, farblose Flüssigkeit, wirkt berauschend, aber erblindend, synthetisch aus Kohlenoxid (s. d.) und Wasserstoff darstellbar, als Holzgeist bei der Destillation von Holz erhältlich. Lösungsmittel.
Molybdän	Schweres, sehr hartes Metall, Bestandteil von Edelstählen.
Natriumchlorid	NaCl, See-, Stein- und Kochsalz, in Lösung in Ionen dissoziiert.
Natriumsulfat	Na_2SO_4, Glaubersalz, farbloses Salz, in Lösung in Ionen gespalten.
Natronlauge	NaOH, fester weißer Stoff, löst sich heftig in Wasser zu einer sehr starken Lauge. Dient zur Seifensiederei und in der chemischen Industrie.
Neon	Ne, ein einatomiges Edelgas.
Neutron	$_1^0\text{n}$, ungeladenes Elementarteilchen von der Masse des Wasserstoffatoms. Ist Bestandteil aller Atomkerne, kommt in der kosmischen Strahlung vor, läßt sich auch künstlich erzeugen und entsteht bei der Spaltung von Uran (s. d.).
Nickelchlorid	$NiCl_2$, grünes wasserlösliches Salz.

Phosphorsäure H_3PO_4, schwache anorganische Säure, farblose Flüssigkeit, wasserlöslich.

Platinschwamm   Pt, Edelmetall Platin in sehr feiner Verteilung, schwarz.

Protein   s. Eiweiß.

Rhodopsin   Sehfarbstoff des Auges, wird durch Licht isomerisiert.

Salpetersäure HNO_3, entsteht neben salpetriger Säure (s. d.) aus Stickoxid (s. d.) und Wasser. Grundlage für Nitratdüngemittel.

salpetrige Säure HNO_2, entsteht neben Salpetersäure (s. d.) aus Stickoxid (s. d.) und Wasser, oxydiert sich leicht zu Salpetersäure.

Sauerstoff O_2, farbloses Gas, zu 20% Bestandteil der Luft, bildet mit Wasserstoff Wasser, mit Stickstoff Stickoxid und Stickdioxid (s. d.), mit Kohlenoxid Kohlendioxid (s. d.), unterhält Verbrennung und Atmung.

Schwefel   S, gelbe Kristalle, chemischer Bestandteil der schwefligen und Schwefelsäure (s. d.).

Schwefelsäure H_2SO_4, farblose ölige Flüssigkeit, sehr starke Säure, wirkt auch oxydierend und ätzend. Entsteht durch Lösung von SO_3 (fest) in Wasser oder durch Oxydation von schwefliger Säure (s. d.). Mischt sich mit Wasser unter Erhitzen.

schweflige Säure H_2SO_3, entsteht beim Lösen von Schwefeldioxid (Gas) in Wasser. Schwache Säure, kann zu Schwefelsäure oxydiert werden.

Silberbromid   AgBr, gelbliches, schwer lösliches Salz, durch Licht zersetzlich.

Silicium   Si, festes hartes Element, Nichtmetall, wird zu elektrischen Schaltelementen verarbeitet. Chemischer Bestandteil der Kieselsäure, des Kieselgels, des Zements (s. d.).

Soda	Na_2CO_3, farbloses Salz, reagiert stark basisch.
Stärke	$C_6H_{12}O_6$, Makromolekel aus einer langen Kette von Traubenzuckermolekeln (s. d.). Wird durch Säuren und Enzyme zu Traubenzucker gespalten.
Stickdioxid	NO_2, braunes Gas, entsteht aus Stickoxid (s. d.) und Sauerstoff in langsamer Reaktion. Gibt mit Wasser salpetrige Säure und Salpetersäure (s. d.), aus denen der Nitratdünger gemacht wird.
Stickoxid	NO, entsteht bei hoher Temperatur aus Stickstoff und Sauerstoff (s. d.), farbloses Gas, bildet mit Sauerstoff Stickdioxid (s. d.), das Grundlage für Salpetersäure und Nitratdünger ist.
Stickstoff	N_2, farbloses Gas, zu 80% Bestandteil der Luft, gibt mit Wasserstoff Ammoniak (s. d.), mit Sauerstoff Stickoxid (s. d.) und Stickdioxid (s. d.).
Tonerde	Al_2O_3, Oxid des Metalls Aluminium, chemischer Bestandteil des Tons und Porzellans, sehr fein verteilt und daher oberflächenreich, weiß.
Traubenzucker	$C_6H_{12}O_6$, Glukose, Bestandteil vieler Früchte, des Zuckers, der Stärke und der Cellulose (s. d.).
Uran	U, schweres, schwach radioaktives Metall. Kann durch Neutronen in leichtere Elemente gespalten werden, was zu Atombombe und Atomreaktor führt.
Wasserstoff	H_2, farbloses, brennbares Gas, bildet mit Stickstoff Ammoniak (s. d.), mit Sauerstoff Wasser, mit Chlor Chlorwasserstoff (s. d.).
Xenon	Xe, einatomiges Edelgas.
Zement	$CaSiO_3$ und ähnlich; entsteht aus Kalk und Kieselsäure durch Erhitzen, enthält oft noch Phosphorsäure und Tonerde. Baumaterial.
Zucker	$C_{12}H_{22}O_{11}$, Zusammenlagerung von Traubenzucker (s. d.) und Fruchtzucker. Auch Sammelname für andere Zuckerarten.

Sachverzeichnis

Herstellung: Konrad Triltsch, Graphischer Betrieb, 87 Würzburg

Verständliche Wissenschaft
